Monika und Erhard Hirmer

Biologie Botanik

Layout: Karl-Hans Seyler

Copyright: pb-verlag · 82178 Puchheim · 2004

ISBN 3-89291-928-3

5./6. Jahrgangsstufe ● Stand 10. Januar 2004 ● Preise in Euro ● Stand 10. Januar 2004 ● 5./6. Jahrgangsstufe

Folien zum Geschichtsunterricht

670	Von d. Steinzeit zu d. Ägyptern	29,90
	9 Farbfolien, 9 s/w-Folien m. 88 Abb.	
672	Mittelalter	26,90
	9 Farbfolien, 9 s/w-Folien m. 82 Abb	

Geschichte - Quiz - Kopierhefte
Aufgaben - Rätsel - für Lernzielkontrollen/Proben

810	Altsteinzeit b. Röm. Reich	15,90
	84 Seiten	
811	Mittelalter 64 Seiten	13,90

Geschichten aus der Geschichte
Zeugenberichte als Lese- und Erzähltexte

816	Altsteinzeit b. Röm. Reich	14,90
	84 Seiten	

Geschichte-Lernspiele

527	Spielend durchs Mittelalter	9,90
	22 Seiten auf Karton zum Ausschneiden	

Projektunterricht

620	Projektbuch für die 5.-10. Klasse	
	11 Fächer übergreifende Projekte	
	96 Seiten	15,90

Sozialkunde

Stundenbilder

550	Demokratie in der Bundes- republik Deutschland	17,90
	118 Seiten	
554	Rechte und Gesetze	19,90
	144 Seiten, 18 StB, 27 AB, 16 FV	

G●S●E

Fächer übergreifend
Geschichte/Sozialkunde/Erdkunde

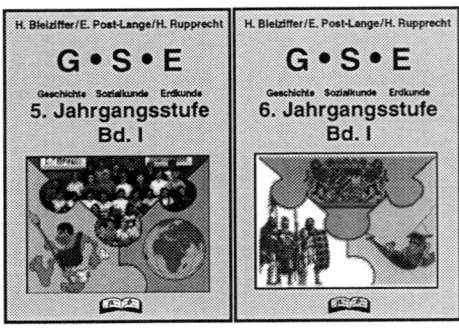

690	GSE 5.Schuljahr Bd. I 128 S.	18,90
691	GSE 5.Schuljahr Bd. II 128 S.	18,90
692	GSE 6.Schuljahr Bd. I 130 S.	18,90
693	GSE 6.Schuljahr Bd. II 130 S.	18,90
936	Lernzielkontrollen 5./6. 64 S.	13,90

P●C●B

Fächer übergreifend
Geschichte/Sozialkunde/Erdkunde

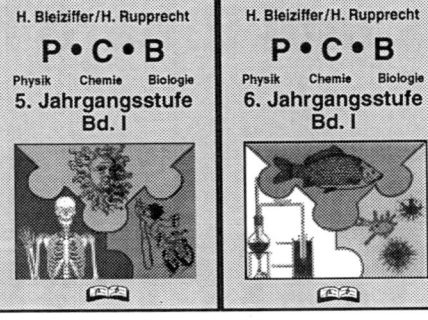

680	PCB 5.Schuljahr Bd. I 128 S.	18,90
681	PCB 5.Schuljahr Bd. II 128 S.	18,90
682	PCB 6.Schuljahr Bd. I 126 S.	18,90
683	PCB 6.Schuljahr Bd. II 126 S.	18,90
935	Lernzielkontrollen 5./6. 64 S.	13,90

Lehrpläne

Zum bayerischen Hauptschul-Lehrplan
Neuer Lehrplan-leicht gesteckt, für bayerische Hauptschulen

619	5. Klasse 52 S., alle Fächer	$	4,90
624	6. Klasse, 52 Seiten	$	4,90

Kunst

pb-Unterrichtspraxis

236	5./6. Schuljahr Band I Malen und Zeichnen 168 S.	19,90

Übungen für den Kunstunterricht
mit beispielhaften Themenbearbeitungen und exemplarischen Darstellungen auf Farbfolien

800	5./6. Schuljahr Band I Farbiges und grafisches Gestalten mit Farbfolie zur Farbenlehre 128 S.	19,90

Kunstbetrachtung

761	Begegnung mit Kunstwerken 5./6. Schuljahr 88 S.	15,90

9 Farbfolien

654	Foliensatz zu Begegnung mit Kunstwerken 5./6. Schulj.	
	9 Farbfolien, 12 Abbildungen	21,50

Sport

Karteien für 5./6. Schuljahr
Training, Wettkampf, Technik, Regeln, Unterrichtseinheiten mit didakt. Vorgehen, Skizzen und prakt. Hinweisen

844	Basketball	96 S.	15,90
845	Volleyball	146 S.	17,90
846	Handball	140 S.	16,90
847	Gerätturnen	151 S.	17,90
848	Leichtathletik	176 S.	19,90
849	Gymnastik/Tanz	144 S.	18,90
850	Fitnessübungen	96 S.	15,90
535	Kleine Sportspiele	122 S.	15,90

Werken

422	5.-7. Schuljahr 96 S. 55 Abb.	12,90

Musik

600	5.-6. Schuljahr, Bd. I	17,90
	Werkbetrachtung I, Notenlehre, Rhytmik	
601	5.-6. Schuljahr, Bd. II	20,5
	Werkbetrachtung II, Notenlehre, Popmusik, Musik und Schall	

Schule und Spiel

240	Handbuch Sketche, 5.-9. Schulj.	11,
	94 spielbare Witze und heitere Kurzszenen für Feste und Bunte Abende nicht nur in der Schule, 135 S. DIN A	
780	Weihnachtszeit in aller Welt 4.-6. Schuljahr	16,
	162 Bräuche, Geschichten, Lieder, Anregungen aus aller Welt	
781	dazugehörige Musik-CD	13,
783	Weihnachtslieder aus Europa 4.-6. Schuljahr	5
	32 Seiten, 11 Lieder u. Gestaltungsanregung	
782	dazugehörige Musikkassette	9,
146	Kerzenlichtstunde 2.-6. Schuljahr	4
	Spielstücke, Gedichte und Geschichte zum Advent, 48 Seiten, DIN A 5	
182	Die kleine Weihnachtsspielbühne	13
	Kurze Advents- und Weihnachtsstücke, 7	
937	Darstellendes Spiel, 5/6. Schulj.	13
	Theaterstücke und Projekte, 74 S.	

$	= Sonderpreistitel
✎	= Neue Rechtschreibung

Inhaltsverzeichnis

I. Systematik — 5
- Das Reich der Pflanzen — 9
- Verwachsenblumenblättrige — 10
- Einfachblumenblättrige — 11
- Freiblumenblättrige — 12
- Nacktsamer — 13
- Einkeimblättrige — 13
- Bestimmung nach Merkmalen — 14

II. Bau und Leistung von Blütenpflanzen — 15
- Information: Zelle und Gewebe — 16
- Bauplan der Sprosspflanzen — 17
- Blätter — 19
- Blüten — 21
- Wurzeln — 23
- Lehrgang Bau und Funktion 1: Aufgaben der Wurzeln und des Sprosses — 25
- Lehrgang Bau und Funktion 2: Unterirdische Sprossteile und Blätter — 27
- Lehrgang Bau und Funktion 3: Nährstoffbildung, Wasserabgabe und Atmung — 29
- Lehrgang Bau und Funktion 4: Blütenorgane und Blütenstände — 31
- Lehrgang Bau und Funktion 5: Bestäubung und Befruchtung — 33
- Lehrgang Bau und Funktion 6: Frucht und Samenverbreitung — 35
- Lehrgang Bau und Funktion 7: Samenvermehrung — 37
- Keimversuche — 39
- Der Kirschbaum blüht — 43
- Was essen wir bei den Früchten? — 45
- Von der Wildpflanze zur Kulturpflanze: Die Zuckerrübe — 47
- Obstbäume veredeln — 49
- Betrachten-beobachten-untersuchen: Warum brauchen Pflanzen so viel Wasser? — 51
- Betrachten-beobachten-untersuchen: Wie verändert sich die Wiese? — 52
- Betrachten-beobachten-untersuchen: Verschiedene Bodenarten — 53
- Betrachten-beobachten-untersuchen: Stoffe im Nutzungskreislauf — 54
- Versuch: Wasser und Boden — 55
- Versuch: Pflanzenkräfte — 57
- Versuche zur Fotosynthese — 59

III. Lebensgemeinschaften (Ökosysteme) — 61
- Betrachten-beobachten-untersuchen: Versuche zur Antibiose — 62
- Die Symbiose — 62
- Das Ökosystem — 63
- Bioindikatoren — 65

❶ UE Lebensgemeinschaft Wiese — 67
- Betrachten-beobachten-untersuchen: Wiesenpflanzen — 68
- Wiesenarten — 69
- Stockwerkbau der Wiese — 71
- Auf der Wiese herrscht Ordnung — 73
- Wiesenpflanzen — 75
- Wiesensalbei und Hummel — 77

- Überlebenskünstler Löwenzahn — 79
- Vermehrung des Löwenzahns — 81
- Ungeschlechtliche Vermehrung von Wiesenpflanzen — 83
- Nahrungsbeziehungen — 85

❷ UE Lebensgemeinschaft Hecke — 87
- Betrachten-beobachten-untersuchen: Hecke erforschen (GA) — 88
- Bedeutung der Hecke — 89
- Naturhecke - Zierhecke — 91
- Alles rund um die Hecke — 92
- Tiere der Hecke (Rätsel) — 93

❸ UE Lebensgemeinschaft Gewässer — 95
- Pflanzen und Tiere — 96
- Lichtordnung — 97
- Beziehungen zwischen Lebewesen — 99
- Nahrungskette — 101
- Verlandungszonen — 103
- Schilf — 105
- Alles rund um das Gewässer — 107

IV. Biologische Arbeitstechniken in der Botanik — 109
- Übersicht — 110
- Ich lege ein Herbar an — 111
- Klassenzimmerpflanze: Kartoffel — 112
- Sammlungen anlegen — 113
- Wir untersuchen Wildpflanzen (Tabelle) — 114
- Blütenmodell — 115
- Unterrichtsreihe Ritterstern — 116

V. Literaturangaben — 117

1. Systematik

Abteilungen, Klassen
Bestimmung

Biologie

Übersicht

1. Blüte:

| flach | getrennt blättrig | glockig | | zweiseitig symmetrisch |

2. Blütenstände:

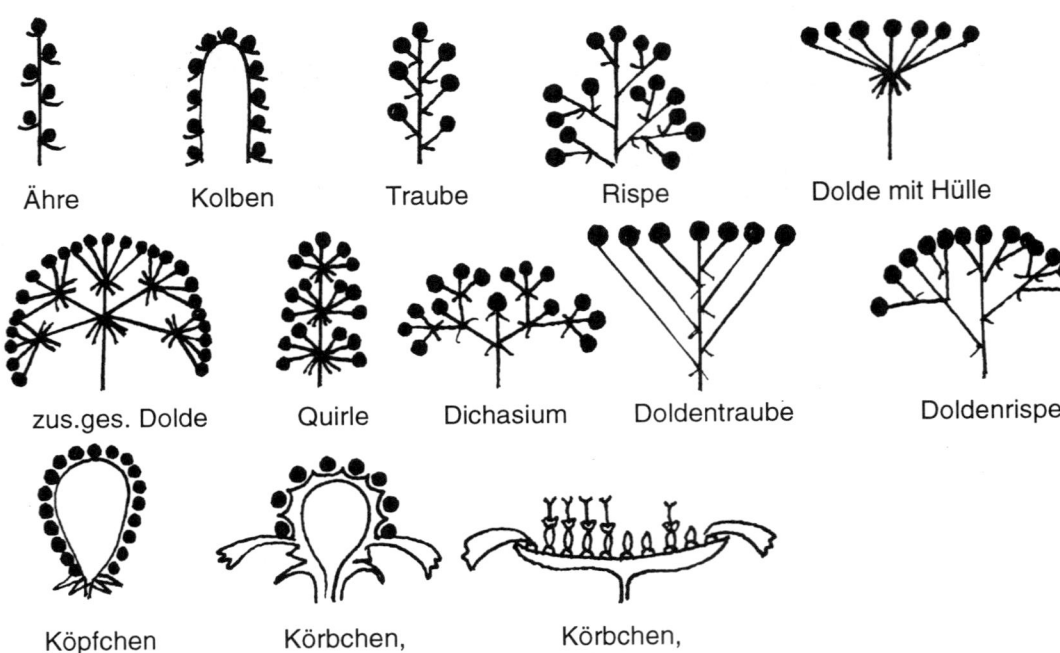

Ähre — Kolben — Traube — Rispe — Dolde mit Hülle

zus.ges. Dolde — Quirle — Dichasium — Doldentraube — Doldenrispe

Köpfchen — Körbchen, gewölbt — Körbchen, flach

3. Kelch:

getrennt blättrig — verwachsen — bauchig

aufgeblasen — nervig — zweilippig

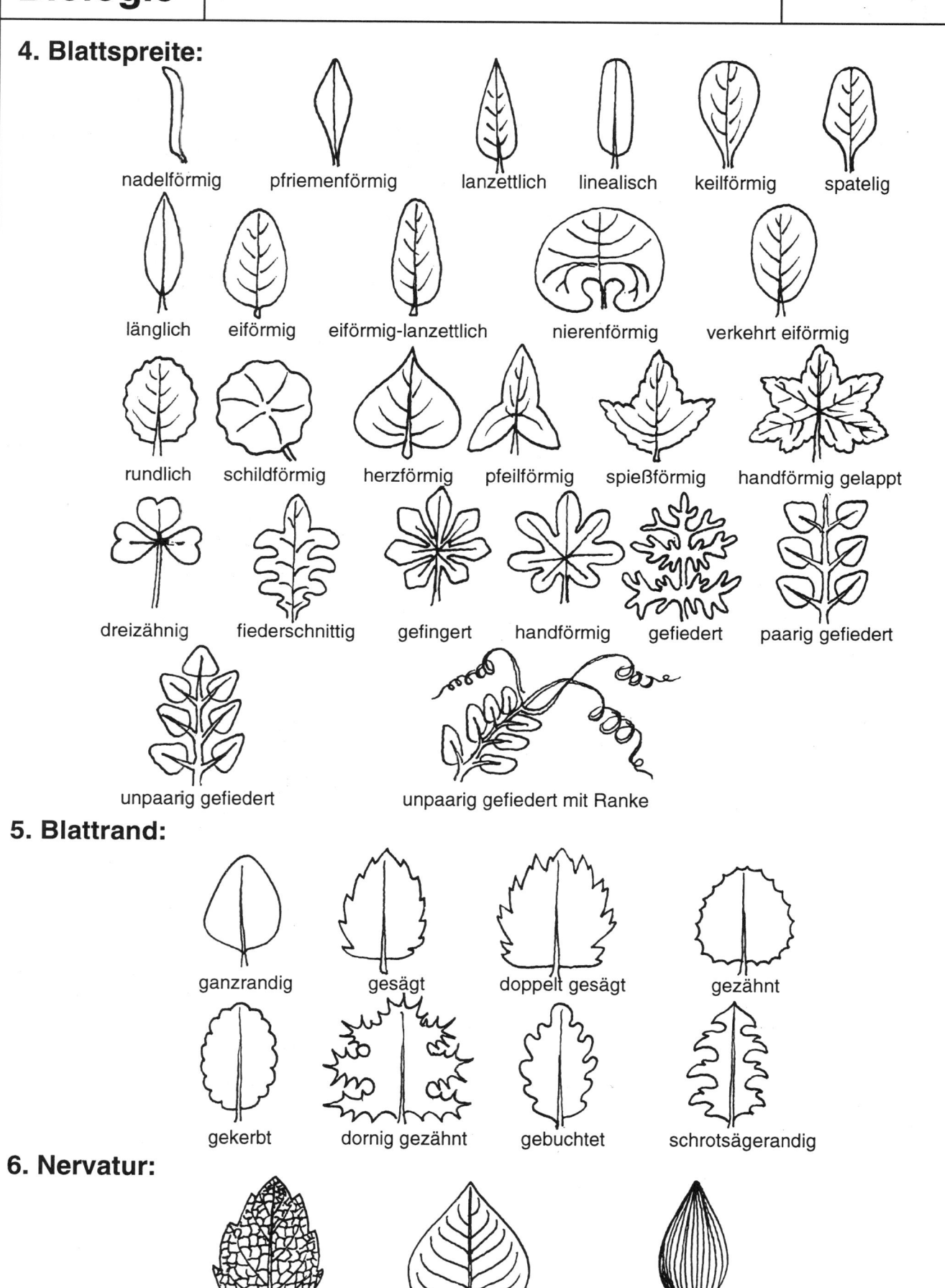

Biologie

7. Blattstellung:

   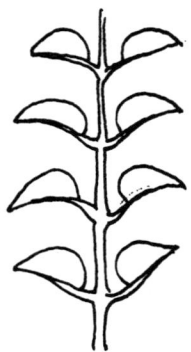

wechselständig   quirlständig   gekreuzt gegenständig   zweireihig

8. Stängel:

aufrecht   aufsteigend   niederliegend

mit Ausläufern   sparrig verzweigt   windend

9. Unterirdische Teile:

Rübe   Wurzelknolle   Sprossknolle

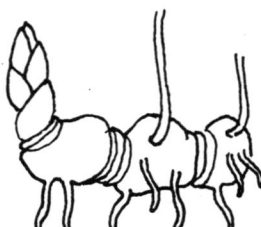  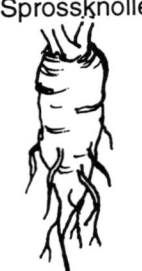

Wurzelstock   Zwiebel   Pfahlwurzel

© pb-Verlag Puchheim Biologie Botanik

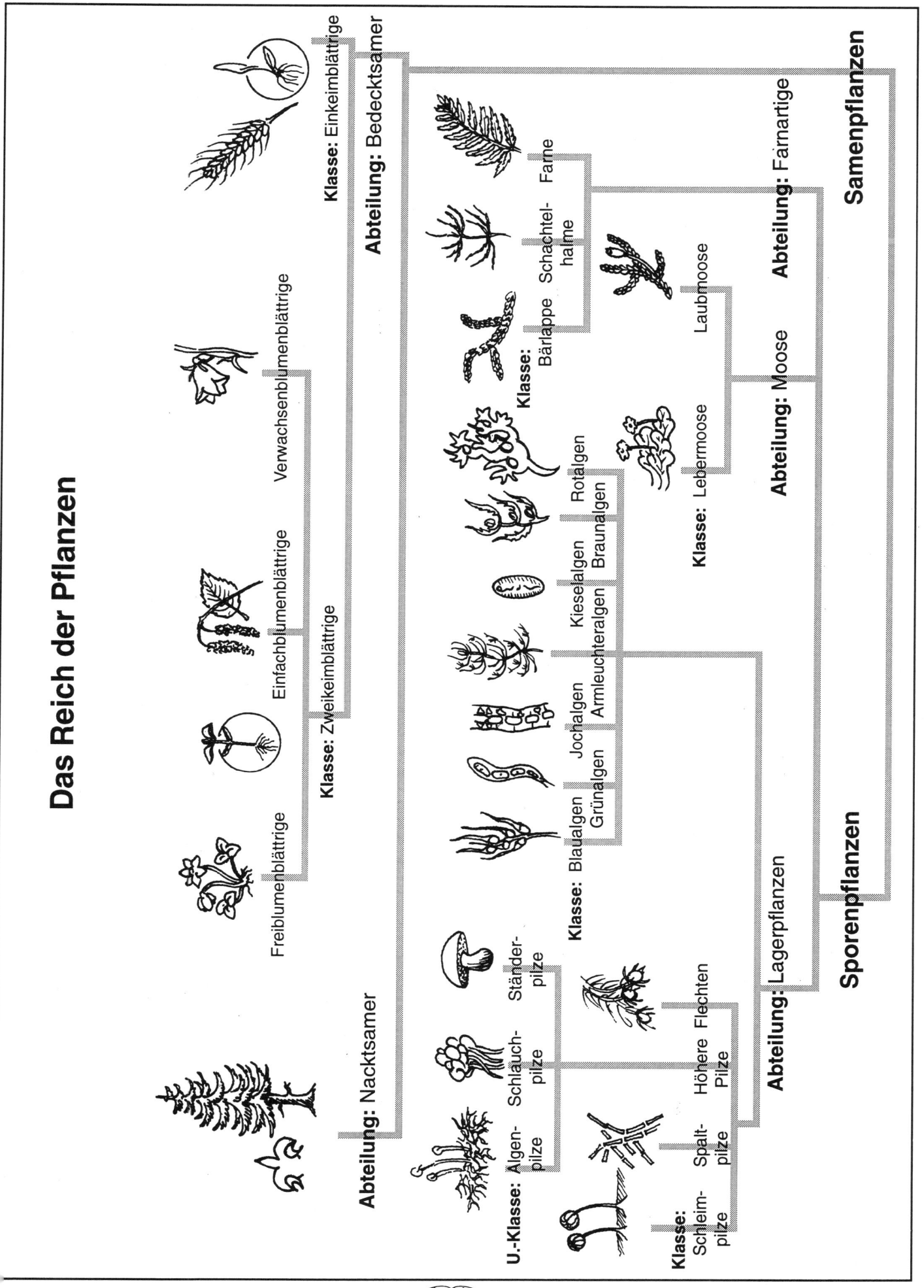

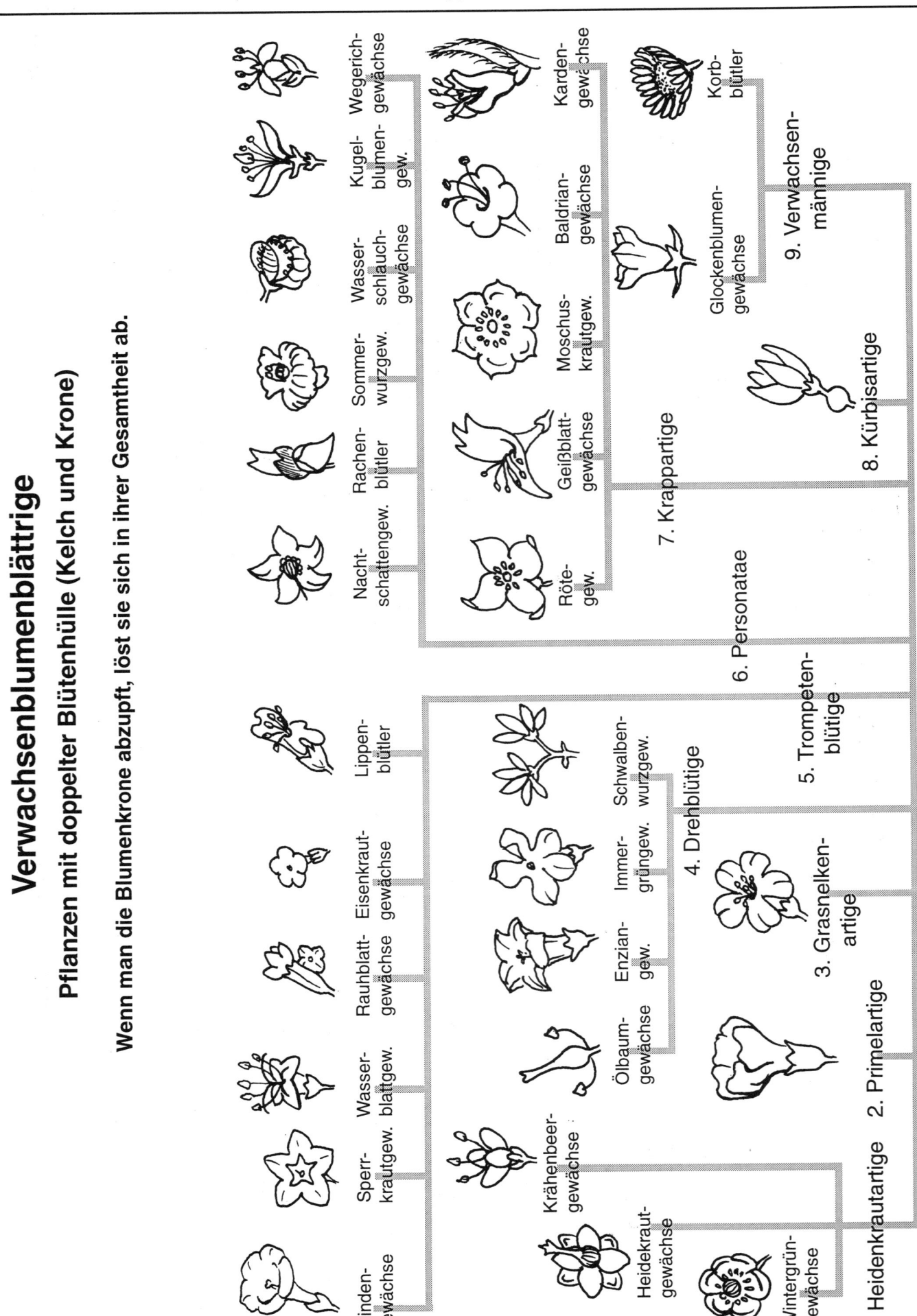

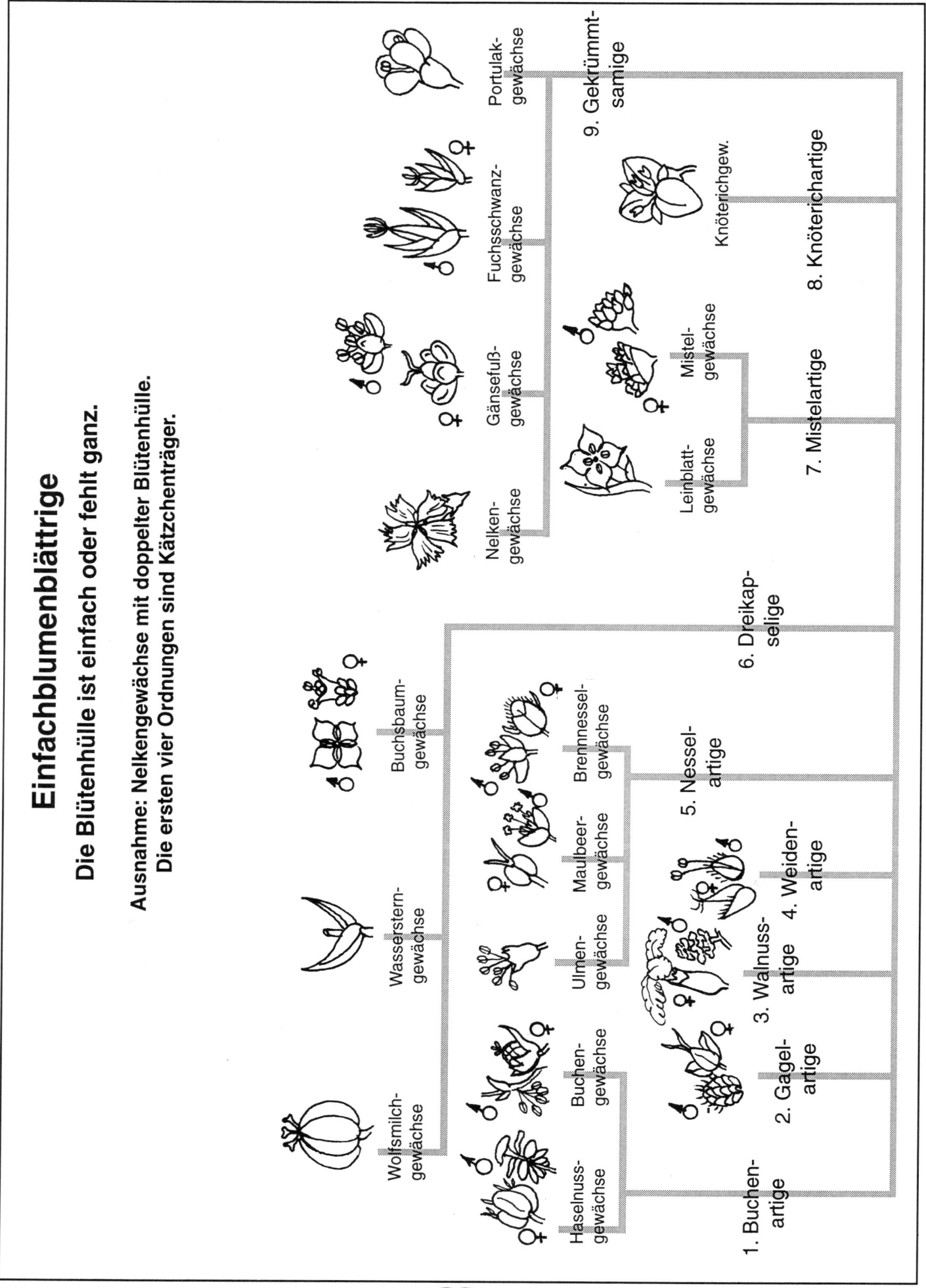

Freiblumenblättrige
Doppelte Blütenhülle mit getrennt blättriger Krone

- Hahnenfußgewächse
- Sauerdorngewächse
- Seerosengewächse
- Hornblattgewächse
- Osterluzeigewächse
- Weiderichgewächse
- Wassernussgewächse
- Nachtkerzengewächse
- Tausendblattgewächse
- Tannenwedelgewächse
- Rosengewächse
- Platanengewächse
- Dickblattgewächse
- Steinbrechgewächse
- Schmetterlingsblütler
- Malvengewächse
- Lindengewächse
- Seidelbastgewächse
- Ölweidengewächse
- Veilchengewächse
- Christrosengewächse
- Tamariskengewächse
- Tännelgewächse
- Sonnentaugewächse
- Kreuzblütler
- Resedagewächse
- Mohngewächse
- Johanniskrautgewächse
- Sauerkleegewächse
- Storchschnabelgewächse
- Leingewächse
- Balsaminengewächse
- Kreuzblumengewächse
- Rautengewächse
- Ahorn-, Rosskastaniengewächse
- Stechpalmengewächse
- Spindelbaumgewächse
- Kreuzdorngewächse
- Weinrebengewächse
- Efeugewächse
- Doldengewächse

1. Vielfrüchtige
2. Rosenblütige
3. Hülsenfrüchtige
4. Myrtenblütige
5. Kreuzblütige
6. Wandsamige
7. Johanniskrautartige
8. Säulenträger
9. Storchschnabelartige
10. Rosskastanienartige
11. Celasterartige
12. Kreuzdornartige
13. Doldenblütige

© pb-Verlag Puchheim Biologie Botanik

Nacktsamer

Palmfarne und Ginkobäume kommen nicht in Europa vor.
Kieferngewächse unterscheidet man an ihrem Erscheinungsbild, ihren Nadeln und ihren Zapfen.

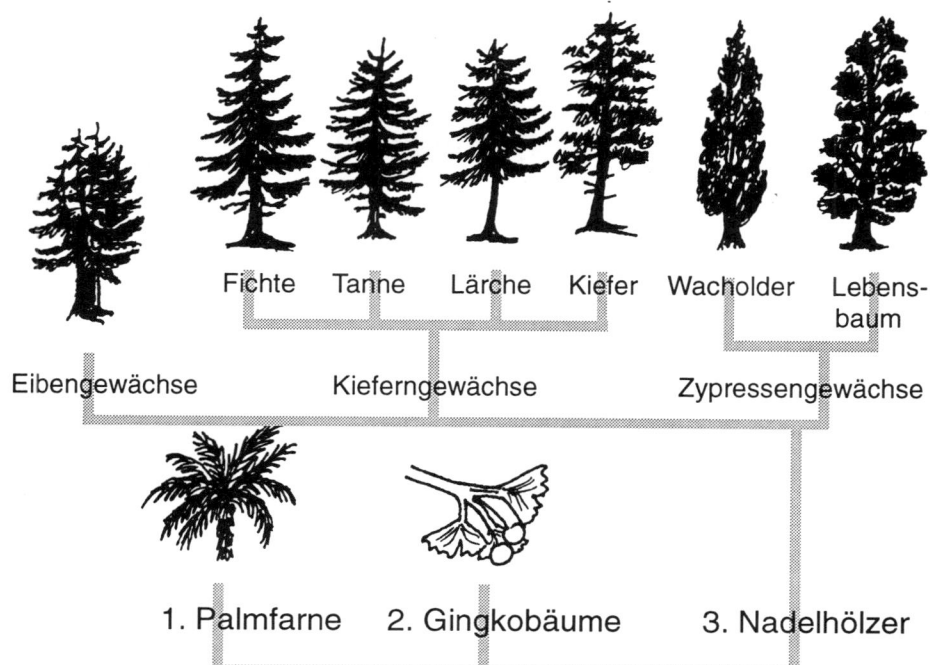

Einkeimblättrige Pflanzen

Ungeteilte Blätter und nach der Dreizahl gebaute Blüten
Die Keimlinge besitzen nur ein Keimblatt.

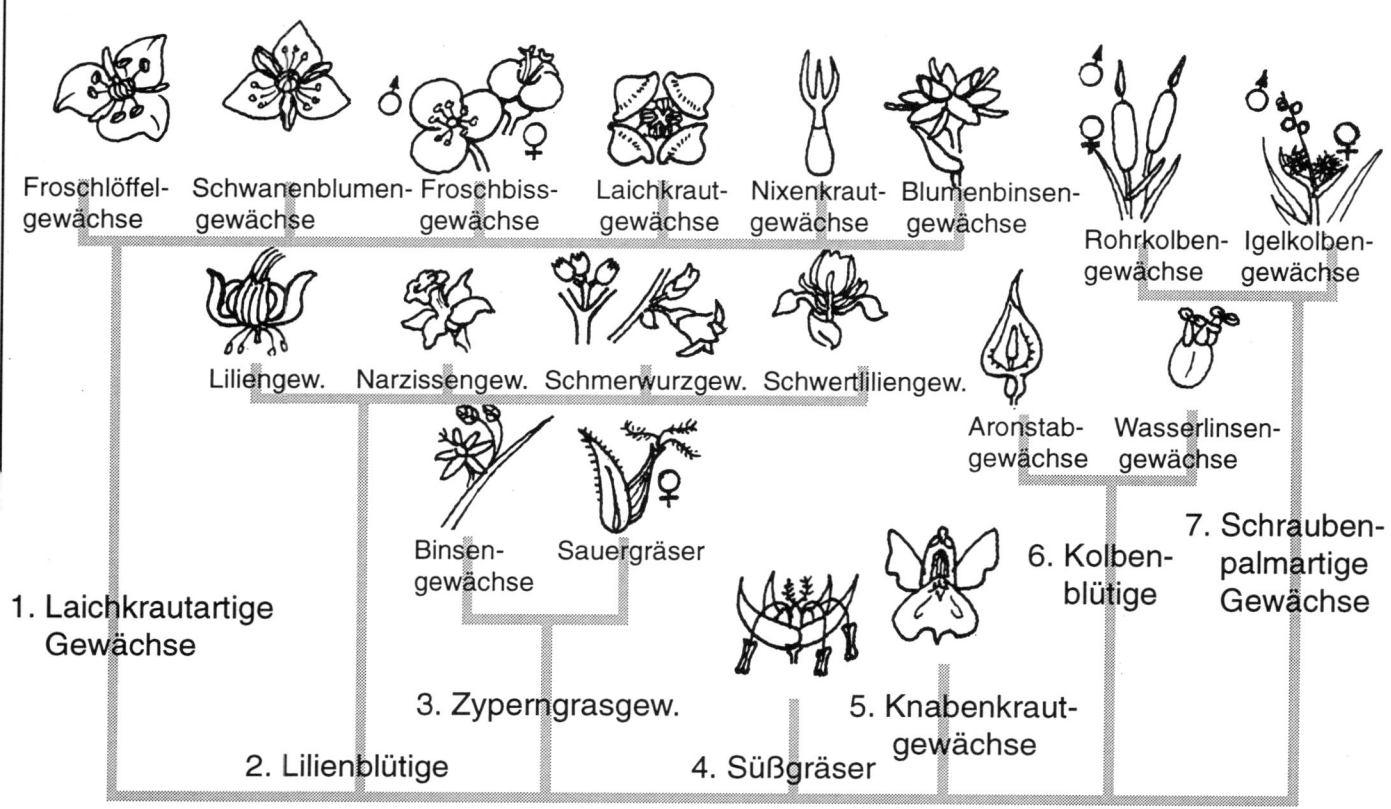

Biologie

Am Blatt sollst du sie erkennen!
Merkmale

Blattgröße	Blattfläche	Blattform	Blattrand	Blattnerven
(auffallend) groß	**ungeteilt**  — Tulpe	**herzförmig**  — Veilchen	**ganzrandig**  — Schneeglöckchen	**längsnervig**  — Tulpe
(auffallend) klein	**handförmig**  — Windröschen	**nierenförmig**  — Sumpfdotterblume	**gebuchtet**  — Eiche	
	gelappt  — Eschen-Ahorn	**eiförmig**  — Birnbaum	**gekerbt**  — Veilchen	
	gefingert  — Klee	**langrund**  — Maiblume	**gesägt**  — Brennnessel	**netznervig** 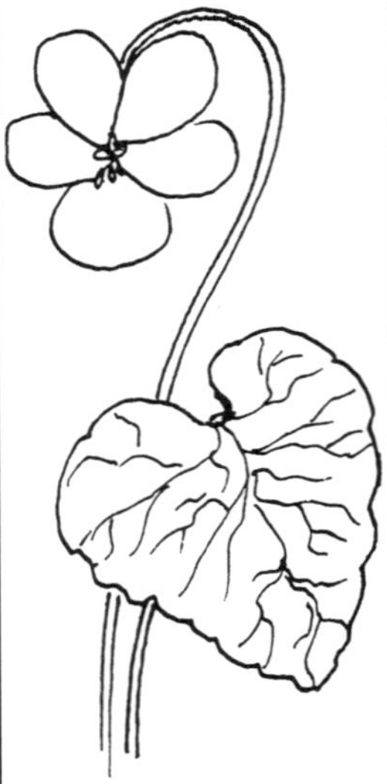
	gefiedert 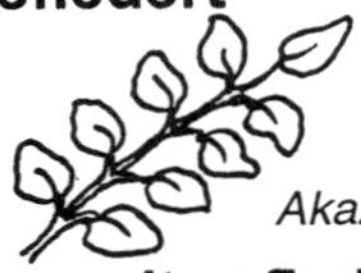 — Akazie	**spießförmig**  — Pyrenäen Traubenhyazinthe	**doppelt gesägt**  — Hainbuche	
	doppelt gefiedert 	**grasähnlich** 	**gezähnt**  — Gemswurz	
	fußförmig 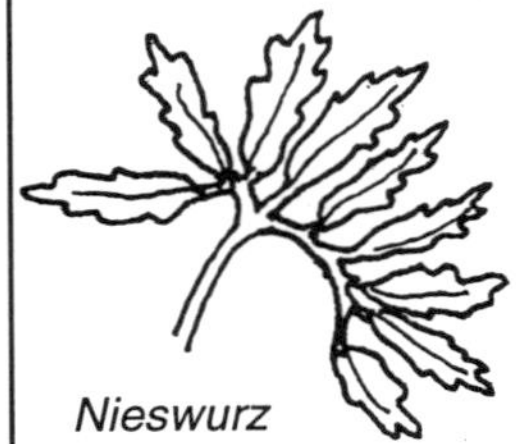 — Nieswurz	**zugespitzt**  — Tulpe	**schrotsägeförmig**  — Löwenzahn	
		pfeilförmig  — Aronstab		

spießförmig:	herzförmig:	handförmig:	gefingert:	gefiedert:

2. Blütenpflanzen

Bau und Leistung
Versuche

Biologie

Information:
Zelle und Gewebe

Der Körper von Pflanze, Tier und Mensch ist, ähnlich wie ein Haus, aus einzelnen Bausteinen aufgebaut. Diese Bausteine der Natur sind jedoch winzig klein (0,1 bis 0,01 mm), so dass sie erst unter dem Mikroskop sichtbar werden. Der deutsche Gelehrte Jakob Schleiden entdeckte 1838, dass Pflanzen aus vielen Millionen Zellen aufgebaut sind.

Teile der Zelle

Die **Zellwand** (a) besteht aus Zellulose, ist wasserdurchlässig, gibt der Zelle Form und hält ihren Inhalt zusammen. Das **Protoplasma** (b), ein gallertartiger Saft aus Wasser, Eiweiß und Salzen, ist der lebende Inhalt der Zelle. Der **Zellkern** (c) liegt im Plasma, das sich in ständiger Strömung befindet. Darin sind ferner **Chlorophyllkörner** (Ch) eingebettet. In älteren Zellen bilden sich **Hohlräume** (H), die mit Zellsaft gefüllt sind. Die Farben von Blüten und Früchten sind in ihm gelöst.

Teilung der Zelle

Die Teilung der Zellen führt zum Wachstum der Pflanzen in den Wurzel- und Sprossspitzen. Sie geht vom Zellkern aus, aber auch das Plasma nimmt daran teil. Die so genannten **Kernschleifen** (Chromosomen) teilen sich der Länge nach und rücken auseinander. Nach der Bildung einer **Scheidewand** sind aus einer Zelle zwei kleine Zellen entstanden. Sie wachsen zur ursprünglichen Größe heran und beginnen sich wieder zu teilen.

Gewebe

Die Natur fügt Zellen (tote und lebende), die eine besondere Aufgabe im Leben der Pflanze zu erfüllen haben, zu Geweben zusammen. Es gibt mehrere Arten davon.
Im Beispiel unten der Stängelquerschnitt einer Taubnessel:
Das **Hautgewebe** (Ha) schützt den Pflanzenkörper. Das **äußere Grundgewebe** (G) enthält Chlorophyll und nährt die Pflanze (Nährgewebe). Das **innere Grundgewebe** dient bis zum **Hohlraum** (Hr) als **Füllgewebe** (F). Das **Bastgewebe** (B) stützt den Stängel an den Kanten (Festigungsgewebe). Den Bastkanten gegenüber liegen die großen, dazwischen die kleinen **Leitbündel** (L). Sie leiten den Saftstrom und geben ebenfalls Festigkeit. Das **Leitgewebe** baut zum Beispiel aus dicken Zellen die Blattnerven auf.

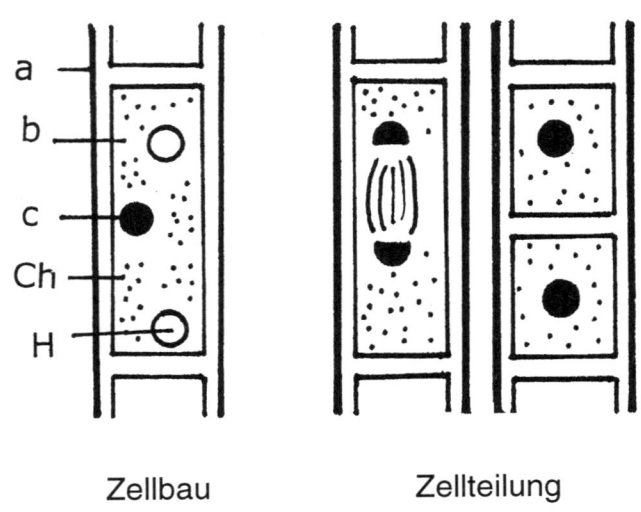

Zellbau — Zellteilung

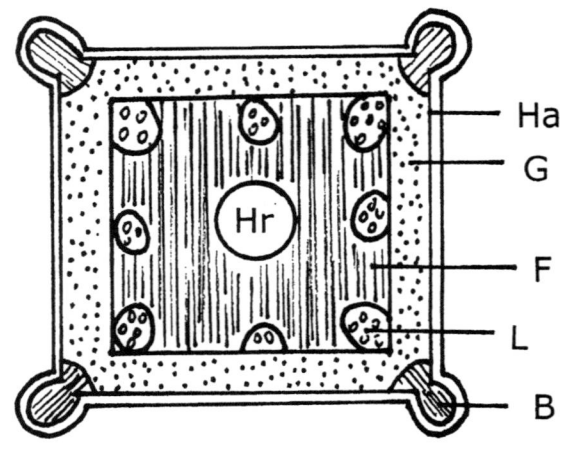

Stängelquerschnitt: Taubnessel

Biologie

Bauplan der Sprosspflanzen
Beispiel: Butterblume

Die Hauptaufgabe der _____ ist die Produktion von _____, aus denen neue Pflanzen heranwachsen. Farbe und Form verraten, wie sie _____ werden.

Die _____ wächst seitlich am _____ und entwickelt sich zu _____, _____ oder Kurzsprossen.

Blattspreite

Blattstiel

Am _____ setzen die Blätter an.

Wurzelhaare

Die grünen _____ stellen die _____ für die Pflanze her. Dabei nehmen sie _____-_____ aus der Luft auf und geben _____-_____ ab.
Außerdem wird Wasser durch die Blätter ___-_____.

Der _____ trägt die Blätter und reckt sie dem _____-_____ entgegen. Er enthält zwei Röhrensysteme: Im Gefäßteil wird Wasser und die darin gelösten _____ von den Wurzeln zu den Blättern transportiert. Im Siebteil werden die Nährstoffe zu den übrigen Teilen der Pflanze geleitet.

Die _____ verankern die Pflanze im Boden, nehmen aber auch _____ und damit die gelösten _____ auf. Sie sind wichtig für das _____.

© pb-Verlag Puchheim Biologie Botanik

Biologie

Bauplan der Sprosspflanzen
Beispiel: Butterblume

Die Hauptaufgabe der __Blüte__ ist die Produktion von __Samen__, aus denen neue Pflanzen heranwachsen. Farbe und Form verraten, wie sie __bestäubt__ werden.

Die __Knospe__ wächst seitlich am __Stängel__ und entwickelt sich zu __Blättern__, __Blüten__ oder Kurzsprossen.

Blattspreite

Blattstiel

Am __Knoten__ setzen die Blätter an.

Wurzelhaare

Die grünen __Blätter__ stellen die __Nährstoffe__ für die Pflanze her. Dabei nehmen sie __Kohlen__-__dioxid__ aus der Luft auf und geben __Sauer__-__stoff__ ab. Außerdem wird Wasser durch die Blätter __ver__-__dunstet__.

Der __Stängel__ trägt die Blätter und reckt sie dem __Sonnen__-__licht__ entgegen. Er enthält zwei Röhrensysteme: Im Gefäßteil wird Wasser und die darin gelösten __Salze__ von den Wurzeln zu den Blättern transportiert. Im Siebteil werden die Nährstoffe zu den übrigen Teilen der Pflanze geleitet.

Die __Wurzeln__ verankern die Pflanze im Boden, nehmen aber auch __Wasser__ und damit die gelösten __Mineralsalze__ auf. Sie sind wichtig für das __Wachstum__.

© pb-Verlag Puchheim Biologie Botanik

Biologie

Blätter
Aufgabe: Herstellung von Nährstoffen

In den _____ verlaufen die _____. Sie sorgen für den Transport von Wasser, _____ und _____. Außerdem wirken sie wie ein Gerüst und geben dem Blatt _____. Bei den meisten Blättern verlaufen sie _____.

Der _____ zeigt ganz unterschiedliche _____: Glatt, _____, _____, _____ oder _____.

Die _____ bildet die _____ des Blattstiels. Auch in ihr verlaufen _____.

Blattspitze

Kleine Blattader

Durch den _____ ziehen die _____ in die Blattspreite. Einige Blätter sitzen direkt am Stängel; diese nennt man dann _____.

Als _____ bezeichnet man die äußerste Schicht von _____, die die Blätter und die anderen Teile der Pflanze umgibt.

Die winzigen _____ liegen meist auf der Blatt_____. Sie öffnen sich, um den _____ bei der _____ zu ermöglichen. Außerdem tritt dort Wasser_____ aus. Sie können sich aber auch schließen, damit die Pflanze nicht zu viel Wasser _____.

© pb-Verlag Puchheim Biologie Botanik

Biologie

Blätter
Aufgabe: Herstellung von Nährstoffen

In den **Blattadern** verlaufen die **Leitbündel**. Sie sorgen für den Transport von Wasser, **Salzen** und **Nährstoffen**. Außerdem wirken sie wie ein Gerüst und geben dem Blatt **Halt**. Bei den meisten Blättern verlaufen sie **netzartig**.

Der **Blattrand** zeigt ganz unterschiedliche **Formen**: Glatt, **gesägt**, **gezähnt**, **gekerbt** oder **gebuchtet**.

Die **Mittelrippe** bildet die **Verlängerung** des Blattstiels. Auch in ihr verlaufen **Leitbündel**.

Blattspitze

Kleine Blattader

Durch den **Blattstiel** ziehen die **Leitbündel** in die Blattspreite. Einige Blätter sitzen direkt am Stängel; diese nennt man dann **ungestielt**.

Als **Epidermis** bezeichnet man die äußerste Schicht von **Zellen**, die die Blätter und die anderen Teile der Pflanze umgibt.

Die winzigen **Spaltöffnungen** liegen meist auf der Blatt**unterseite**. Sie öffnen sich, um den **Gasaustausch** bei der **Fotosynthese** zu ermöglichen.
Außerdem tritt dort Wasser**dampf** aus. Sie können sich aber auch schließen, damit die Pflanze nicht zu viel Wasser **verliert**.

© pb-Verlag Puchheim Biologie Botanik

Biologie

Blüten
Aufgabe: Hervorbringen von Samen
Blüten enthalten die Geschlechtsorgane der Pflanze.

Die _____ umhüllen die Teile der Pflanze, die der _____ dienen. Sie sind oft _____ gefärbt und duften, um ____-_____ für die _____-_____ anzulocken.

Die _____ sind die _____ Geschlechtsorgane der Blüte.

Im Inneren der _____-_____ wird der _____ produziert.

Am oberen Ende der _____-_____ sind die Staubbeutel mit dem _____ befestigt.

Die _____ sind blattähnliche Gebilde, die die Blütenknospe umhüllen.

Die _____ hat eine _____ Oberfläche, an der die Pollenkörner bei der _____ haften bleiben.

Die _____ stellen die _____ Teile der Blüte dar und bestehen aus _____, Griffel und _____. Der Fruchtknoten enthält die _____. Das Pollenkorn _____ auf der Narbe aus und wächst durch den _____ bis in die Samenanlagen.

Die _____ sind Drüsen, die am Grund der _____ liegen und einen _____ Saft ausscheiden. Die Insekten besuchen die Blüten, um von diesem _____ zu trinken und pudern sich dabei mit _____ ein. Beim nächsten Blütenbesuch streifen sie diese auf der _____ ab.

_____: Das obere Ende des Blütenstiels trägt alle Teile der Blüte.

Biologie

Blüten
Aufgabe: Hervorbringen von Samen
Blüten enthalten die Geschlechtsorgane der Pflanze.

Die **Blütenblätter** umhüllen die Teile der Pflanze, die der **Fortpflanzung** dienen. Sie sind oft **bunt** gefärbt und duften, um **In-sekten** für die **Bestäu-bung** anzulocken.

Im Inneren der **Staub-beutel** wird der **Blütenstaub** produziert.

Die **Staubblätter** sind die **männlichen** Geschlechtsorgane der Blüte.

Am oberen Ende der **Staub-fäden** sind die Staubbeutel mit dem **Blütenstaub** befestigt.

Die **Kelchblätter** sind blattähnliche Gebilde, die die Blütenknospe umhüllen.

Die **Narbe** hat eine **klebrige** Oberfläche, an der die Pollenkörner bei der **Bestäubung** haften bleiben.

Die **Fruchtblätter** stellen die **weiblichen** Teile der Blüte dar und bestehen aus **Fruchtknoten**, Griffel und **Narbe**. Der Fruchtknoten enthält die **Samenanlagen**. Das Pollenkorn **keimt** auf der Narbe aus und wächst durch den **Griffel** bis in die Samenanlagen.

Die **Nektarien** sind Drüsen, die am Grund der **Blütenblätter** liegen und einen **zuckerhaltigen** Saft ausscheiden. Die Insekten besuchen die Blüten, um von diesem **Nektar** zu trinken und pudern sich dabei mit **Pollenkörnern** ein. Beim nächsten Blütenbesuch streifen sie diese auf der **Narbe** ab.

Blütenboden: Das obere Ende des Blütenstiels trägt alle Teile der Blüte.

Biologie

Die Teile einer Wurzel

Die feinsten Verästelungen knapp vor der Wurzelspitze, die _____, nehmen das _____ und die darin gelösten _____ auf.

Pflanzen haben meistens eine längere und dickere Hauptwurzel, die sich in zahlreiche _____ verzweigt.
Oft fehlt aber auch die Hauptwurzel und dafür _____ mehrere Seitenwurzeln die Pflanze im Erdreich.

Wenn die _____ wächst, schiebt sie sich immer tiefer in den Boden hinein.

Die _____ besteht aus einer Schicht schleimiger Zellen, die die empfindliche _____ schützen.

Wie sich ein Steckling bewurzelt

Schneide 10 cm lange Sprossstecklinge von Geranien oder Fleißigen Lieschen ab.

Stelle sie jeweils in ein Glas, das zu einem Drittel mit Wasser gefüllt ist.

Beobachte in den nächsten Wochen die Bewurzelung. Pflanze den bewurzelten Steckling in einen Topf mit Gartenerde.

Biologie

Die Teile einer Wurzel

Die feinsten Verästelungen knapp vor der Wurzelspitze, die __Wurzelhaare__, nehmen das __Wasser__ und die darin gelösten __Mineralsalze__ auf.

Pflanzen haben meistens eine längere und dickere Hauptwurzel, die sich in zahlreiche __Seitenwurzeln__ verzweigt. Oft fehlt aber auch die Hauptwurzel und dafür __verankern__ mehrere Seitenwurzeln die Pflanze im Erdreich.

Wenn die __Wurzelspitze__ wächst, schiebt sie sich immer tiefer in den Boden hinein.

Die __Wurzelhaube__ besteht aus einer Schicht schleimiger Zellen, die die empfindliche __Wurzelspitze__ schützen.

Wie sich ein Steckling bewurzelt

Schneide 10 cm lange Sprossstecklinge von Geranien oder Fleißigen Lieschen ab.

Stelle sie jeweils in ein Glas, das zu einem Drittel mit Wasser gefüllt ist.

Beobachte in den nächsten Wochen die Bewurzelung. Pflanze den bewurzelten Steckling in einen Topf mit Gartenerde.

Biologie

Bau und Funktion der Blütenpflanzen (1)

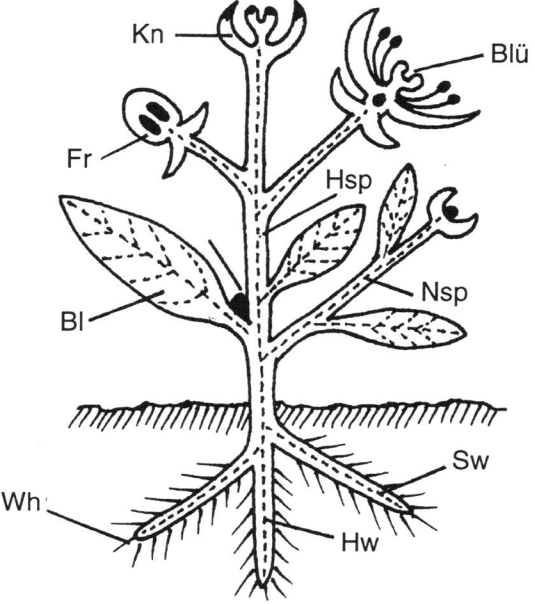

Blütenpflanzen bestehen aus zwei Teilen: W_____ und S_____

die Wurzel
- _____ den Spross im Boden
- nimmt mit _____ _____ auf
- speichert _____
- Aus der Hauptwurzel gehen die zarteren _____ hervor
- Die _____ besorgen die Aufnahme des Wassers
- Speicherwurzeln haben besondere Formen: _____, _____

Wörter zum Eintragen:
Hauptspross - Nebenspross - Seitenwurzeln - hohler - verankert - Wurzelhärchen - Wasser (2x) - Blätter (2x) - Nährsalze (2x) - Hauptwurzel - Nährstoffe - Rübe - Herbst - Knolle - Blüten - Querwände - Früchte - Dicke - verholzter - Blattanlagen - Gliederung

der Spross
- ist die Fortsetzung der H_____ nach oben
- trägt B_____, B_____ und F_____
- leitet das _____ mit den _____ zu den Blättern
- Wir unterscheiden H_____ und N_____
- Trieb: ein mit _____ besetzter Spross
- Knospe: Sprossspitze mit verhüllten _____
- Stängel: krautiger Spross, stirbt im _____ ab
- Halm: _____ Spross, gegliedert durch _____
- Schaft: Stängel ohne _____
- Stamm: _____ Spross, wächst in die _____

Biologie

Bau und Funktion der Blütenpflanzen (1)

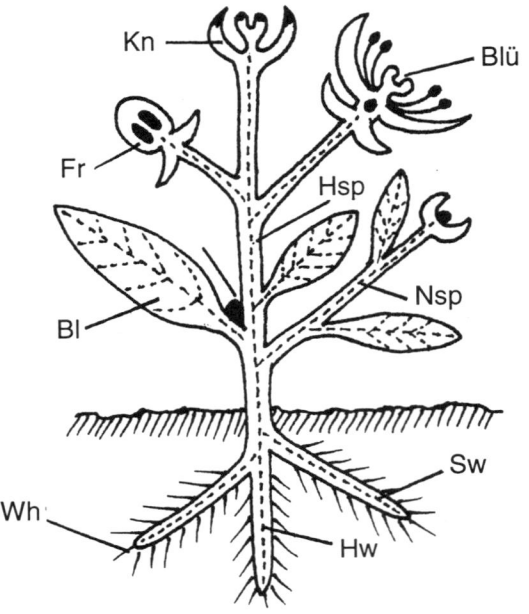

Blütenpflanzen bestehen aus zwei Teilen: W **urzel** und S **pross**

die Wurzel
- _____**verankert**_____ den Spross im Boden
- nimmt mit __**Wasser**__ __**Nährsalze**__ auf
- speichert __**Nährstoffe**__
- Aus der Hauptwurzel gehen die zarteren __**Seitenwurzeln**__ hervor
- Die __**Wurzelhärchen**__ besorgen die Aufnahme des Wassers
- Speicherwurzeln haben besondere Formen: __**Rübe**__, __**Knolle**__

Wörter zum Eintragen:

Hauptspross - Nebenspross - Seitenwurzeln - hohler - verankert - Wurzelhärchen - Wasser (2x) - Blätter (2x) - Nährsalze (2x) - Hauptwurzel - Nährstoffe - Rübe - Herbst - Knolle - Blüten - Querwände - Früchte - Dicke - verholzter - Blattanlagen - Gliederung

---

der Spross
- ist die Fortsetzung der H **auptwurzel** nach oben
- trägt B **lätter**, B **lüten** und F **rüchte**
- leitet das __**Wasser**__ mit den __**Nährsalzen**__ zu den Blättern
- Wir unterscheiden H **auptspross** und N **ebenspross**
- Trieb: ein mit __**Blättern**__ besetzter Spross
- Knospe: Sprossspitze mit verhüllten __**Blattanlagen**__
- Stängel: krautiger Spross, stirbt im __**Herbst**__ ab
- Halm: **hohler** Spross, gegliedert durch __**Querwände**__
- Schaft: Stängel ohne __**Gliederung**__
- Stamm: __**verholzter**__ Spross, wächst in die __**Dicke**__

Biologie

Bau und Funktion der Blütenpflanzen (2)

Unterirdische Sprossteile sind _____

- Tulpe
- Buschwindröschen
- Alpenveilchen
- Kartoffel

- **Zwiebeln** sind unterirdisch _____ Sprosse.
- **Wurzelstöcke** sind _____ wachsende Sprossachsen mit unbegrenztem Wachstum.
- **Sprossknollen** entstehen durch Verdickung der Achsen.

Blattbeschriftung: Bspr, Bg, Bst, Bsch

Blätter

So kann das Blatt am Stängel befestigt sein:

Die bekanntesten Blattformen:

			paarig	un-paarig	7-zählig	3-zählig

Biologie

Bau und Funktion der Blütenpflanzen (2)

Unterirdische Sprossteile sind **Speicherorgane**

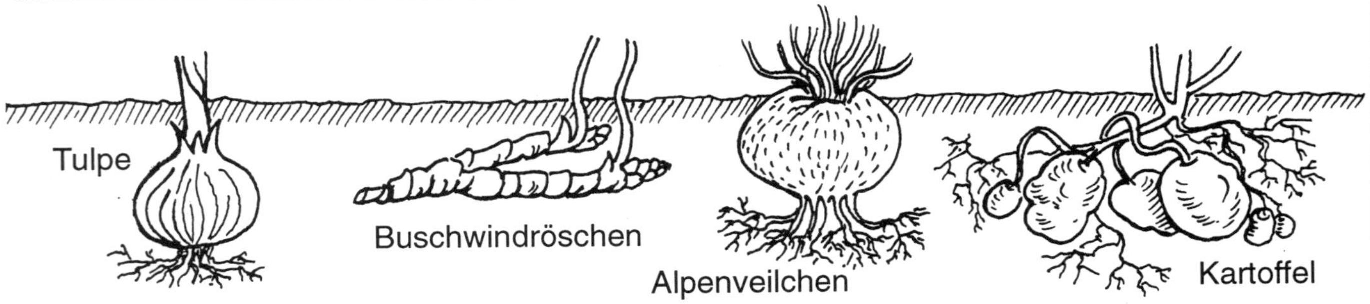

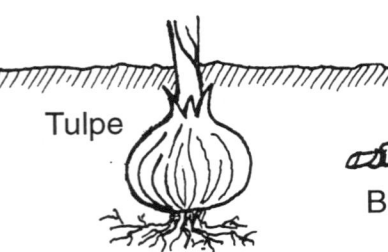

Tulpe
Buschwindröschen
Alpenveilchen
Kartoffel

- **Zwiebeln** sind unterirdisch **verdickte** Sprosse.
- **Wurzelstöcke** sind **waagrecht** wachsende Sprossachsen mit unbegrenztem Wachstum.
- **Sprossknollen** entstehen durch Verdickung der Achsen.

Blätter

Bst = **Blattstiel**
Bspr = **Blattfläche, Blattspreite**
Bg = **Blattgrund**
Bsch = **Blattscheide**

Bspr
Bg
Bst
Bsch

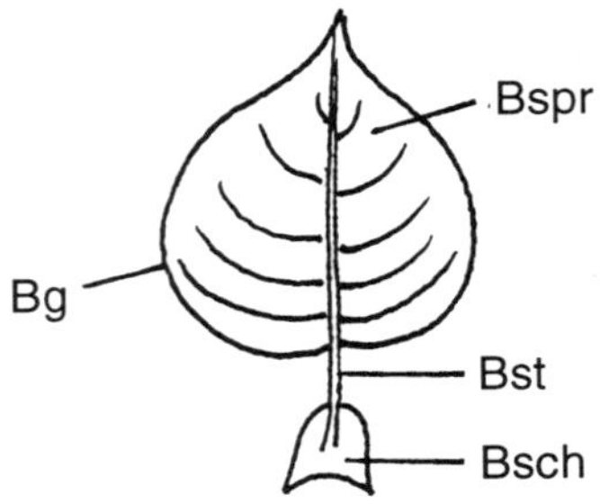

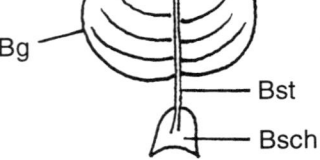

So kann das Blatt am Stängel befestigt sein:

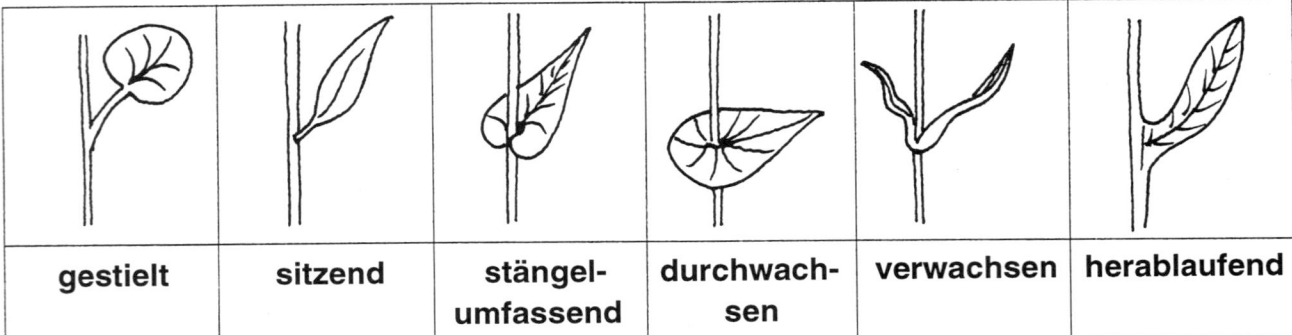

gestielt	**sitzend**	**stängelumfassend**	**durchwachsen**	**verwachsen**	**herablaufend**

Die bekanntesten Blattformen:

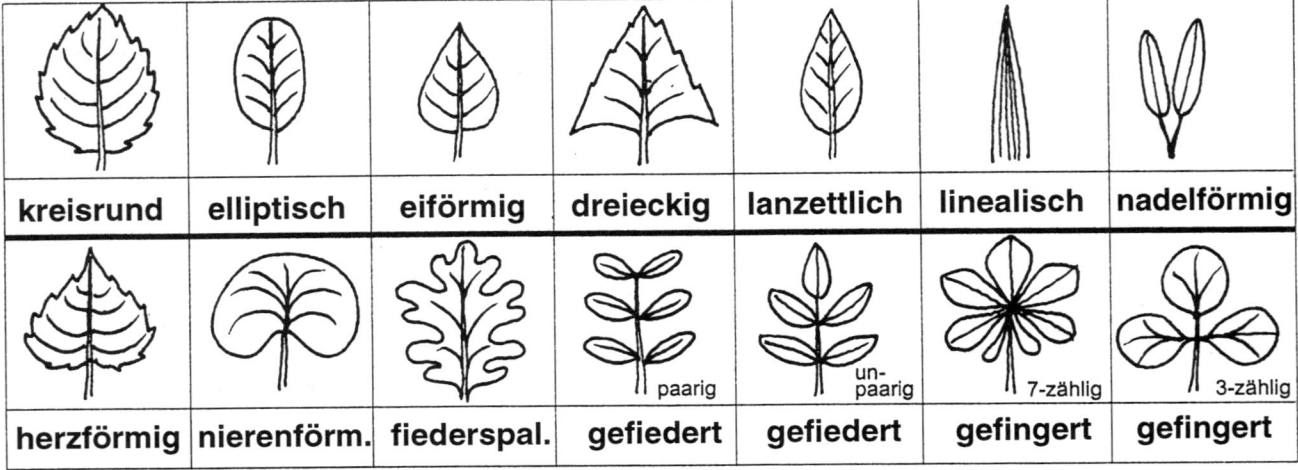

kreisrund	**elliptisch**	**eiförmig**	**dreieckig**	**lanzettlich**	**linealisch**	**nadelförmig**

paarig
unpaarig
7-zählig
3-zählig

herzförmig	**nierenförm.**	**fiederspal.**	**gefiedert** (paarig)	**gefiedert** (unpaarig)	**gefingert** (7-zählig)	**gefingert** (3-zählig)

Biologie

Bau und Funktion der Blütenpflanzen (3)

Die drei Aufgaben der Laubblätter

❶ Nährstoffbildung

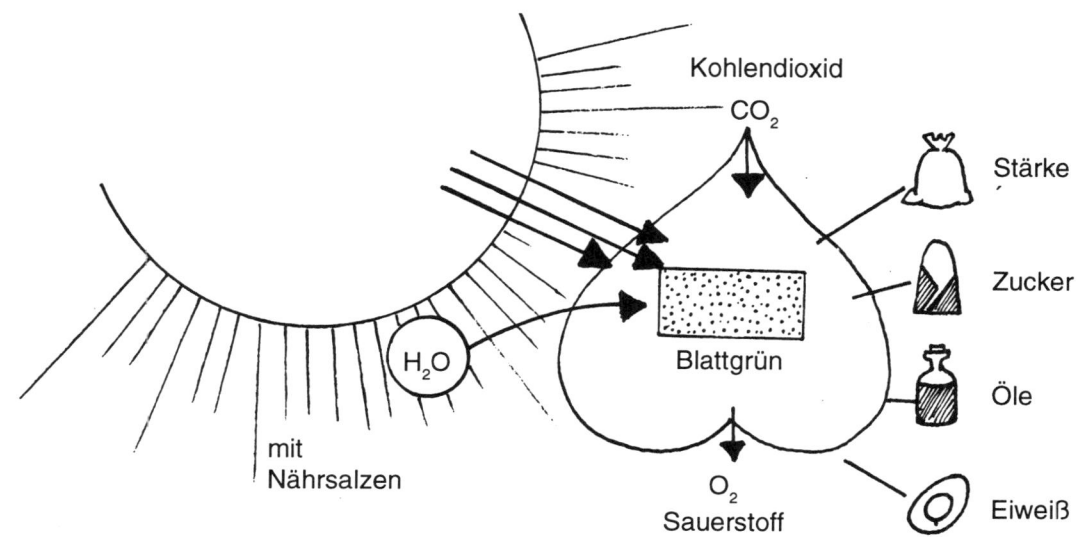

Im Blattinneren finden sich unzählige winzige Körnchen von _____ Farbe, das Blattgrün oder _____. Darin kann das Blatt aus _____ (CO_2) und _____ ihre Nahrung, _____ und _____ erzeugen. Die Energie hierfür steuert das _____ bei. Bei diesem Vorgang wandelt die Pflanze _____ Stoffe in _____ um; wir sprechen daher von _____ (Assimilation). Dabei wird _____ (O_2) frei.
Der gesamte Vorgang heißt _____.
(Foto = Licht; Synthese = Zusammensetzung)

❷ Wasserabgabe

Spaltöffnung im Blatt

Nach dem Transport der _____-_____ entweicht das Wasser als Dunst aus den _____, die durch _____ und _____ die Verdunstung regeln.

❸ Atmung

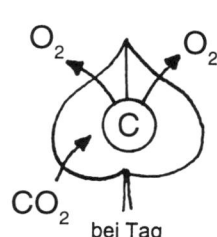 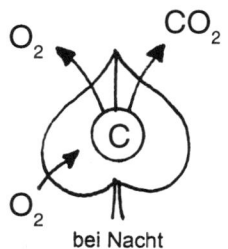

bei Tag   bei Nacht

Auch die grüne Pflanze atmet Tag und Nacht _____ ein und _____-_____ aus. Bei Tag entsteht durch die Fotosynthese mehr _____, als die Pflanze durch die Atmung verbraucht.

Biologie

Bau und Funktion der Blütenpflanzen (3)

Die drei Aufgaben der Laubblätter

❶ Nährstoffbildung

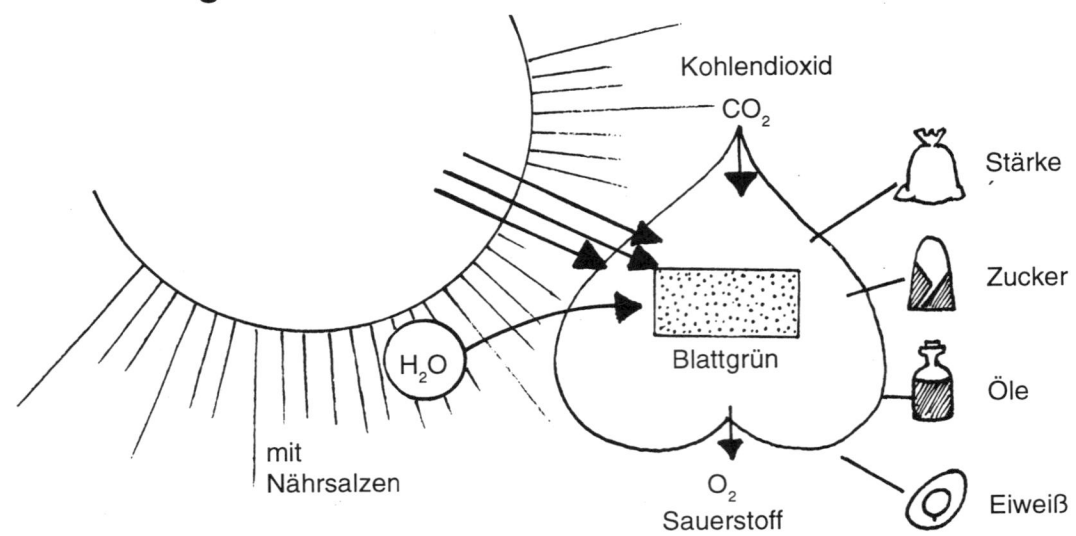

Im Blattinneren finden sich unzählige winzige Körnchen von **grüner** Farbe, das Blattgrün oder **Chlorophyll**. Darin kann das Blatt aus **Kohlendioxid** (CO_2) und **Nährsalzen** ihre Nahrung, **Stärke** und **Zucker** erzeugen. Die Energie hierfür steuert das **Sonnenlicht** bei. Bei diesem Vorgang wandelt die Pflanze **körperfremde** Stoffe in **körpereigene** um; wir sprechen daher von **Stoffangleichung** (Assimilation). Dabei wird **Sauerstoff** (O_2) frei. Der gesamte Vorgang heißt **Fotosynthese**.
(Foto = Licht; Synthese = Zusammensetzung)

❷ Wasserabgabe

Spaltöffnung im Blatt

Nach dem Transport der **Nähr**-**salze** entweicht das Wasser als Dunst aus den **Blättern**, die durch **Öffnen** und **Schließen** die Verdunstung regeln.

❸ Atmung

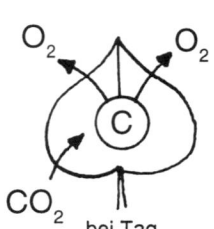 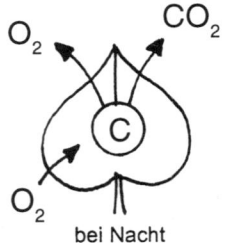

bei Tag   bei Nacht

Auch die grüne Pflanze atmet Tag und Nacht **Sauerstoff** ein und **Kohlen**-**dioxid** aus. Bei Tag entsteht durch die Fotosynthese mehr **Sauerstoff**, als die Pflanze durch die Atmung verbraucht.

Biologie

Bau und Funktion der Blütenpflanzen (4)

Die Blüte

Blütenorgane sind umgewandelte _____, die der _____ der Pflanze dienen. In der Regel zeigt eine Blüte vier verschieden gestaltete Organe, die in _____ angeordnet sind:

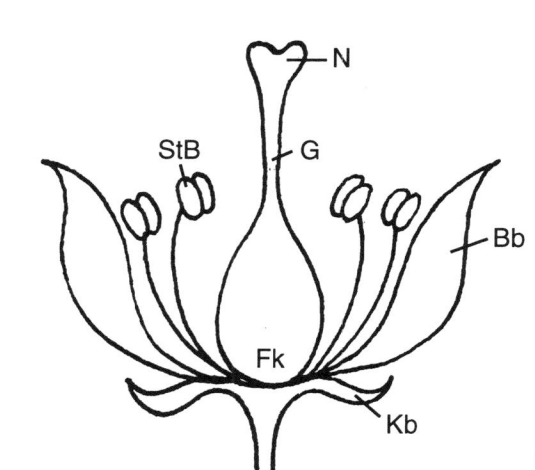

- _____ bilden die innere Blüten_____, bunt

  _____ Insekten an

- _____, äußere Blüten_____, meist _____

  _____ das Blüteninnere

- _____, _____ Organe

  trägt den Beutel mit dem _____

- _____, besteht aus G_____ mit N_____ und F_____

  _____ enthält die _____

N: _____
G: _____
Bb: _____
Kb: _____
Fk: _____
Stb: _____

Blütenstände

Manche Pflanzen haben eine Blüte (Tulpen), die meisten bilden jedoch viele Blüten in regelmäßigen Anordnungen aus.

 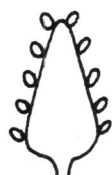      

_____ _____ _____ _____ _____ _____ _____ _____

Biologie

Bau und Funktion der Blütenpflanzen (4)

Die Blüte

Blütenorgane sind umgewandelte **Blätter**, die der **Vermehrung** der Pflanze dienen. In der Regel zeigt eine Blüte vier verschieden gestaltete Organe, die in **Kreisen** angeordnet sind:

- **Blütenblätter** bilden die innere Blüten**hülle**, bunt

  locken Insekten an

- **Kelchblätter**, äußere Blüten**hülle**, meist **grün**

  schützen das Blüteninnere

- **Staubblätter**, **männliche** Organe

  trägt den Beutel mit dem **Blütenstaub**

- **Stempel**, besteht aus G**riffel** mit N**arbe** und F**ruchtknoten**

  Fruchtknoten enthält die **Eizelle**

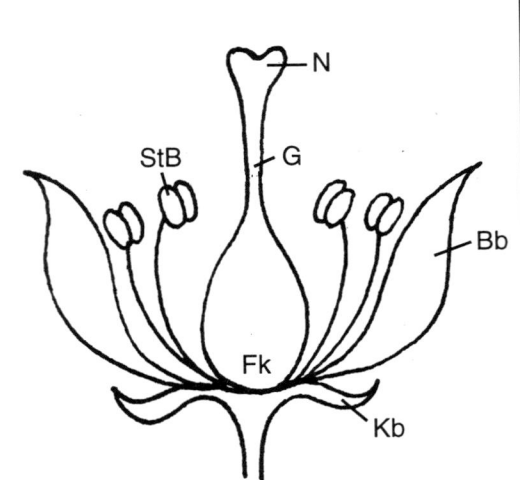

N: **Narbe**
G: **Griffel**
Bb: **Blütenblatt**
Kb: **Kelchblatt**
Fk: **Fruchtknoten**
Stb: **Staubblatt**

Blütenstände

Manche Pflanzen haben eine Blüte (Tulpen), die meisten bilden jedoch viele Blüten in regelmäßigen Anordnungen aus.

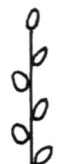

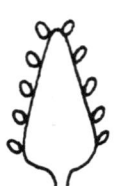

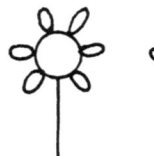

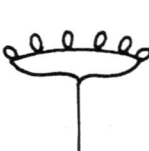

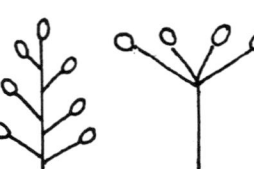

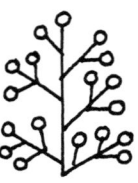

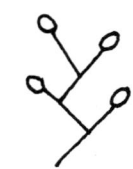

Ähre **Kolben** **Köpfchen** **Körbchen** **Traube** **Dolde** **Rispe** **Wickel**

Biologie

Bau und Funktion der Blütenpflanzen (5)

Bestäubung und Befruchtung

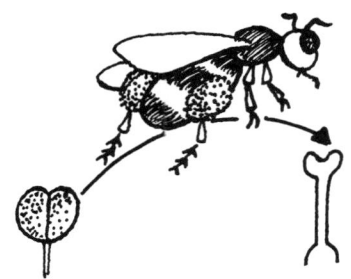 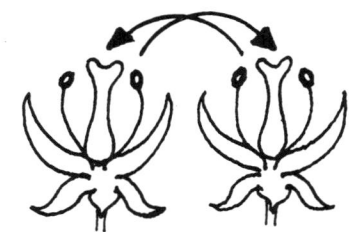 

Die Bestäubung

❶ _____:
   Insekten, zumeist _____ und _____, suchen in den Blüten _____ (Pollen und _____). Dabei übertragen sie den _____-_____.

❷ _____:
   Kein Insektenbesuch, die Narbe empfängt den Pollen der _____ Blüte.

❸ _____:
   Bei Gräsern sorgt der _____ für die Bestäubung.

Die Befruchtung

Die _____ auf den _____ wachsen zu _____ aus. Diese dringen durch den _____ bis zur _____ vor und _____-_____ mit ihr. Ab jetzt entwickelt sich die _____. _____- und _____ blätter verwelken und fallen ab.

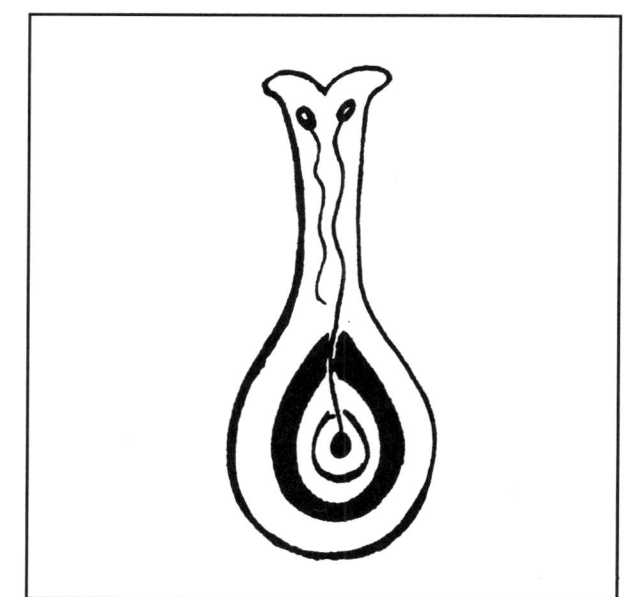

Biologie

Bau und Funktion der Blütenpflanzen (5)

Bestäubung und Befruchtung

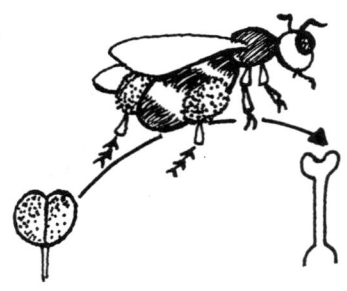 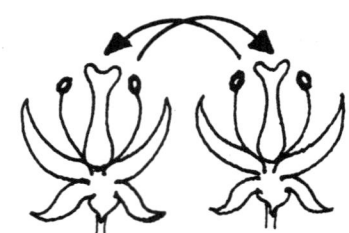 

Die Bestäubung

❶ **Insektenbestäubung**:
Insekten, zumeist **Bienen** und **Hummeln**, suchen in den Blüten **Nahrung** (Pollen und **Nektar**). Dabei übertragen sie den **Blüten**-**staub**.

❷ **Selbstbestäubung**:
Kein Insektenbesuch, die Narbe empfängt den Pollen der **eigenen** Blüte.

❸ **Windbestäubung**:
Bei Gräsern sorgt der **Wind** für die Bestäubung.

Die Befruchtung

Die **Pollenkörner** auf den **Narben** wachsen zu **Pollenschläuchen** aus. Diese dringen durch den **Griffel** bis zur **Eizelle** vor und **ver**-**schmelzen** mit ihr. Ab jetzt entwickelt sich die **Frucht**. **Blüten**- und **Staub** blätter verwelken und fallen ab.

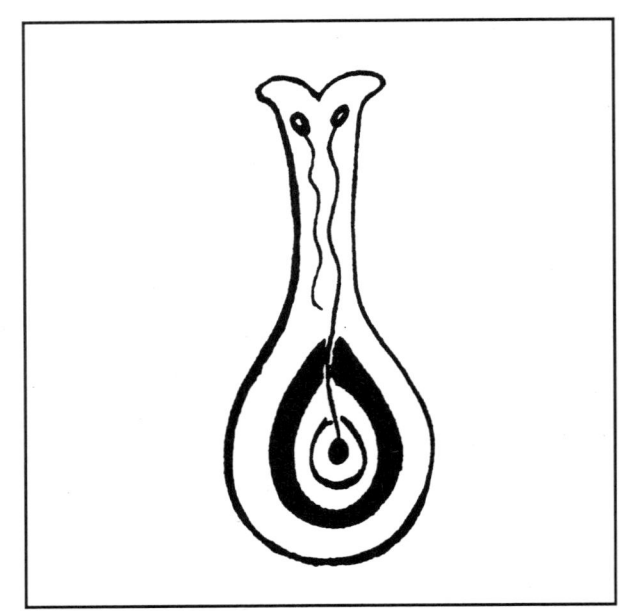

Biologie

Bau und Funktion der Blütenpflanzen (6)

Frucht und Samenverbreitung

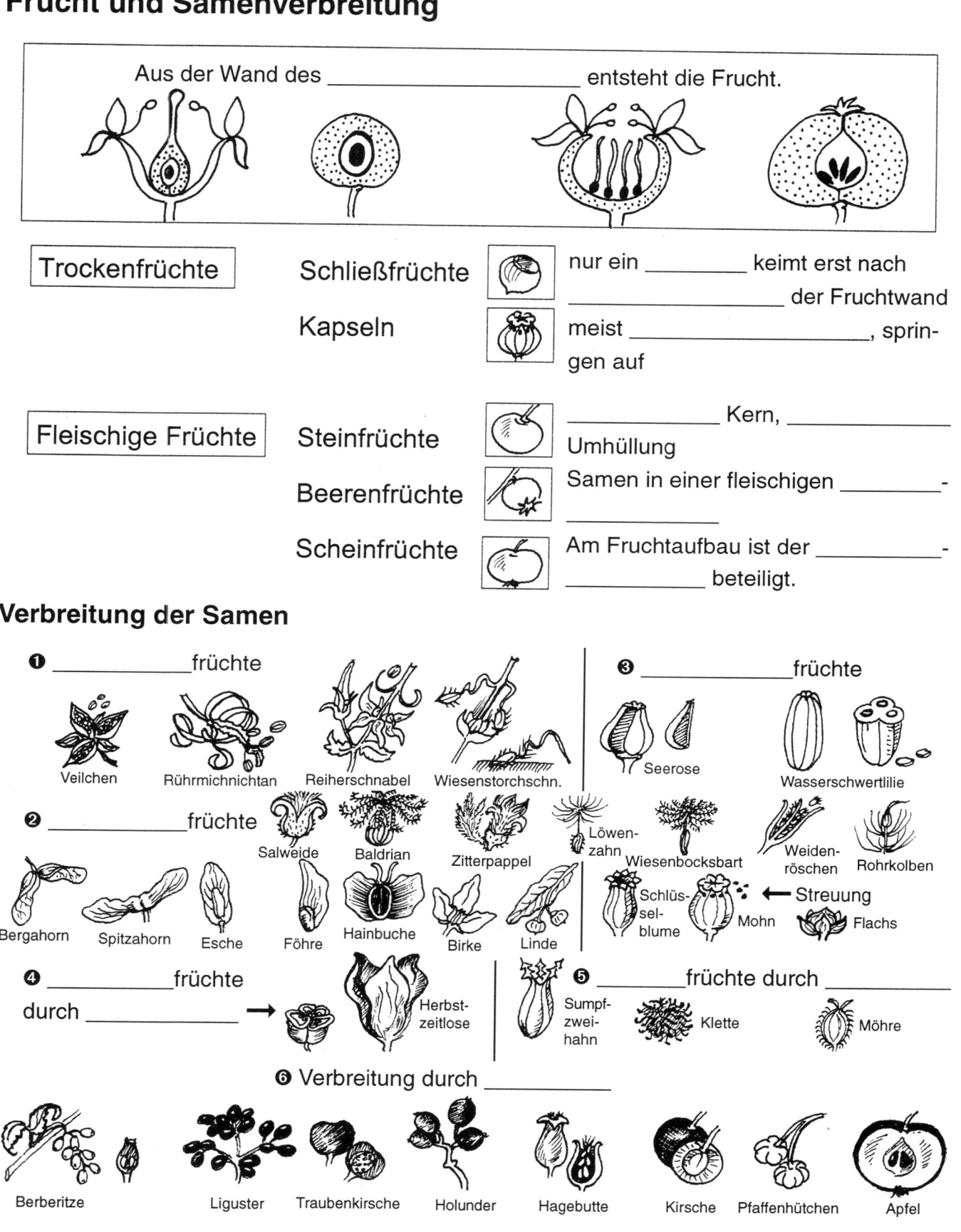

Biologie

Bau und Funktion der Blütenpflanzen (6)

Frucht und Samenverbreitung

Aus der Wand des __Fruchtknotens__ entsteht die Frucht.

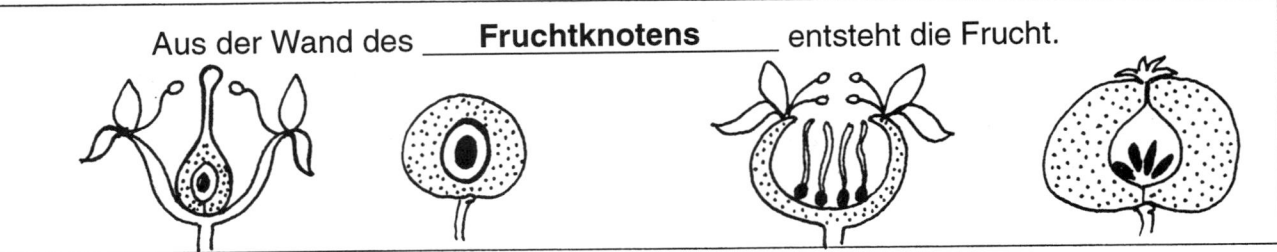

| Trockenfrüchte | Schließfrüchte |  | nur ein __Same__ keimt erst nach __Verfaulen__ der Fruchtwand |
| | Kapseln |  | meist __mehrsamig__, springen auf |

Fleischige Früchte	Steinfrüchte		__harter__ Kern, __fleischige__ Umhüllung
	Beerenfrüchte	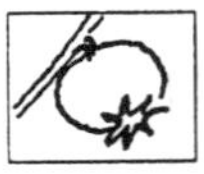	Samen in einer fleischigen __Innen__-__schicht__
	Scheinfrüchte		Am Fruchtaufbau ist der __Blüten__-__boden__ beteiligt.

Verbreitung der Samen

❶ __Schleuder__früchte

Veilchen — Rührmichnichtan — Reiherschnabel — Wiesenstorchschn.

❸ __Schwimm__früchte

Seerose — Wasserschwertlilie

❷ __Flug__früchte

   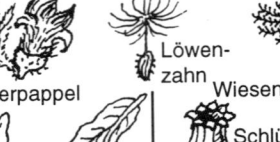   
Salweide — Baldrian — Zitterpappel — Löwenzahn — Wiesenbocksbart — Weidenröschen — Rohrkolben

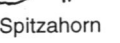   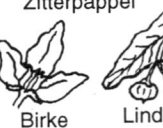  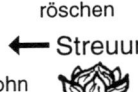
Bergahorn — Spitzahorn — Esche — Föhre — Hainbuche — Birke — Linde

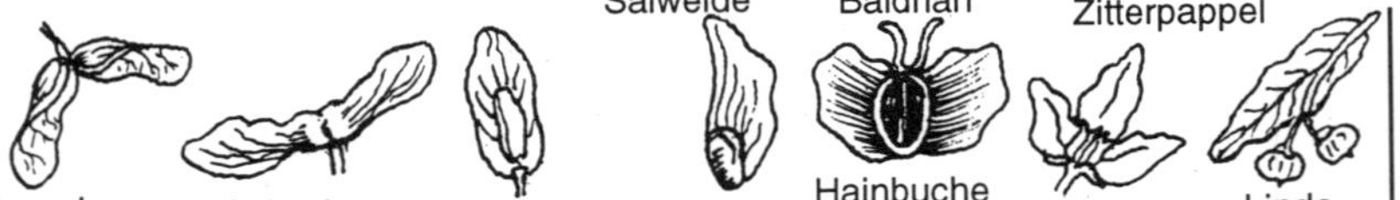

Schlüsselblume — Mohn ← Streuung — Flachs

❹ __Haft__früchte durch __Klebstoff__ → Herbstzeitlose

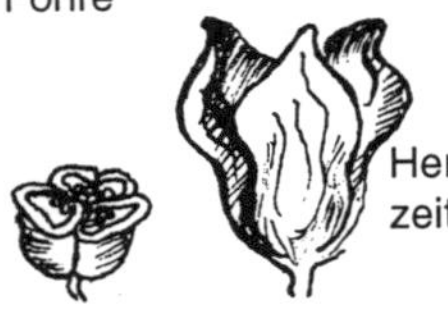

❺ __Haft__früchte durch __Widerhaken__

Sumpfzweihahn — Klette — Möhre

❻ Verbreitung durch __Genuss__

Berberitze — Liguster — Traubenkirsche — Holunder — Hagebutte — Kirsche — Pfaffenhütchen — Apfel

© pb-Verlag Puchheim Biologie Botanik

Biologie

Bau und Funktion der Blütenpflanzen (7)

① Samenvermehrung

Beispiel: Bohne

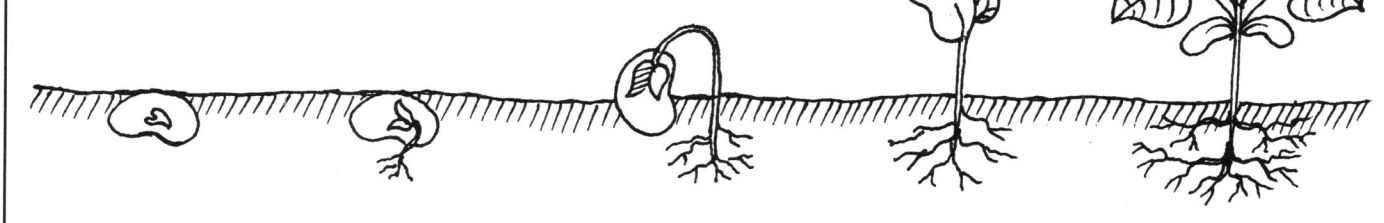

Der Same trägt im Innern den _____. Dieser hat _____, _____ und _____ schon vorgebildet. Die _____ speichern die erste Nahrung für den Keimling. Die Keimung beginnt unter dem Einfluss von _____, _____, _____, _____ und _____.

❶ Der Bohnenkörper _____ an, die _____ zerreißt. Die zwei Hälften des Bohnenkerns, die _____ entfalten sich.
❷ Eine _____ mit vielen Härchen bricht erdwärts hervor.
❸ Der _____ durchbricht gebogen die Erdoberfläche. Noch wird der _____-_____ Keimling von den Keimblättern genährt.
❹ Sobald der grüne _____ erscheint, schrumpfen die leer gewordenen Keimblätter ein, die junge Pflanze _____ sich selbst.

② Ungeschlechtliche Vermehrung

Einige Pflanzenteile können
neue Pflanzen hervorbringen.

_____   _____   _____

Biologie

Bau und Funktion der Blütenpflanzen (7)

Samenvermehrung

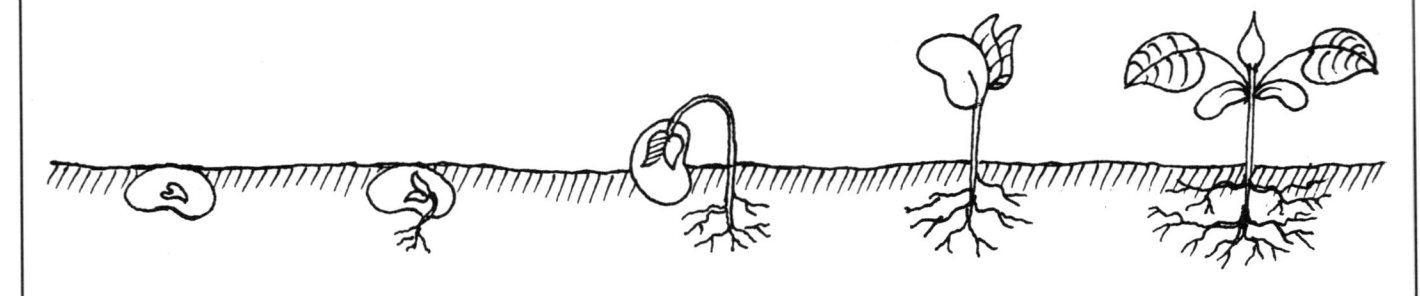

Der Same trägt im Innern den __Keimling__. Dieser hat __Blätter__, __Stängel__ und __Wurzeln__ schon vorgebildet. Die __Keimblätter__ speichern die erste Nahrung für den Keimling. Die Keimung beginnt unter dem Einfluss von __Luft__, __Wasser__, __Licht__, __Nährsalze__ und __Wärme__.

❶ Der Bohnenkörper __schwillt__ an, die __Samenhaut__ zerreißt. Die zwei Hälften des Bohnenkerns, die __Keimblätter__ entfalten sich.
❷ Eine __Wurzel__ mit vielen Härchen bricht erdwärts hervor.
❸ Der __Stängel__ durchbricht gebogen die Erdoberfläche. Noch wird der __blatt__-__grünfreie__ Keimling von den Keimblättern genährt.
❹ Sobald der grüne __Spross__ erscheint, schrumpfen die leer gewordenen Keimblätter ein, die junge Pflanze __ernährt__ sich selbst.

② Ungeschlechtliche Vermehrung

Einige Pflanzenteile können
neue Pflanzen hervorbringen.

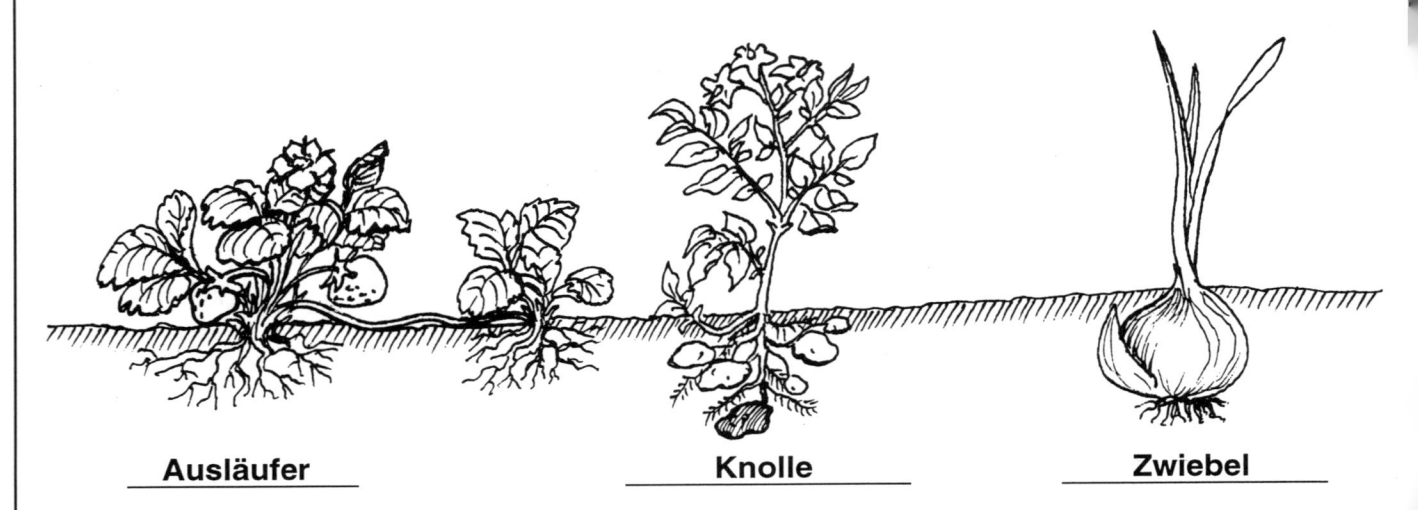

__Ausläufer__   __Knolle__   __Zwiebel__

Biologie

Keimversuche (1)

- Arbeitet in Gruppen!
- Zeichnet und schreibt eure Beobachtungen genau auf!
- Zeigt allen anderen eure Feststellungen!

1 — Material / Vorbereitungsaufgabe 1 — Pilzwurzeln

Dauer ca. 8 Wo.

Material: Samen oder keimende Pflanzen, 2 Blumentöpfe, Walderde, Blech mit Brenner (oder Backofen)

Die Erde des einen Blumentopfes wird zuvor auf dem Blech ausgeglüht, um die Mikroorganismen abzutöten. Die Erde des zweiten Topfes bleibt unbehandelt. Säe in jeden Topf je 5 z.B. Buchen- und je 5 z.B. Kiefernsamen. Wenn die Samen gekeimt haben, dann lasse von jeder Art nur die 2 stärksten Keimpflanzen stehen. Regelmäßig gießen, nicht in die Sonne!

2 — Material / Vorbereitungsaufgabe 2 — Säureausscheidung

Dauer 3 Wo.

Material: Kleine Marmorplatte, Erbsenkeimling, Fließpapier, Becken, blaues Lackmuspapier, Glasscheibe

Der Erbsenkeimling wird so auf die polierte Seite der Marmorplatte gelegt, dass die Wurzeln aufliegen. Auf einen Teil der Wurzeln legst du Streifen von blauem Lackmuspapier. Jetzt umwickelst du die Platte und alle Wurzeln mit Fließpapier, feuchtest gut an und stellst die Platte schräg in das Becken, in dem ca. 1cm hoch Wasser ist. Oben deckst du mit einer Glasplatte ab. Lüfte täglich und erneuere das Wasser alle 3 Tage.

3 — Material / Vorbereitungsaufgabe 3

Dauer ca. 2 Tage

Material: Samen: Erbsen, Bohnen, Eiche, Walnuss, Gurke, Mais, Weizen, Hafer....

Lass etwa 2 Tage vor Versuchsbeginn Samen anquellen.
Lege sie dazu in lauwarmes Wasser.

4 — Material / Durchführung — Richtung

Dauer 2 Wo

Material: Einmachglas, Fließpapier, Brettchen, angekeimte Erbsen, Stecknadeln, Glasscheibe

Kleide das Einmachglas innen mit feuchtem Fließpapier so aus, dass es in das Wasser am Boden des Gefäßes taucht. Das Brettchen erhält ebenfalls eine Lage Fließpapier. Hefte angekeimte Erbsen (Bohnen) mit Stecknadeln an das Brettchen und stelle dieses möglichst senkrecht in das Glas. Decke mit der Glasscheibe ab.

5 — Material / Durchführung — Richtung

Dauer 2 Wo

Material: Blumentopf, Sägemehl, 1 angekeimte Bohne

Pflanze die angekeimte Bohne in den Topf mit Sägemehl. Lass sie wachsen, bis sie fingerlange Wurzeln hat. Lege dann den Topf um, lass den Keimling einige Tage lang in dieser Lage wachsen und schaue dann wieder nach. Du kannst den Topf auch mehrmals wenden! Wohin wachsen jeweils die Nebenwurzeln, der Stängel, die Blätter?

© pb-Verlag Puchheim Biologie Botanik

Biologie

Keimversuche (2)

- Arbeitet in Gruppen!
- Zeichnet und schreibt eure Beobachtungen genau auf!
- Zeigt allen anderen eure Feststellungen!

6 — Atmung

Dauer: 1 Wo.

Material: Standzylinder, ein Drittel mit Erbsen gefüllt, Schälchen mit Kalkwasser, Vaseline, Glasscheibe, Kerze mit Draht

Durchführung: Übergieße die Erbsen mit Wasser. Stelle die Schale mit Kalkwasser auf die Erbsen. Bestreiche den Rand des Zylinders mit Vaseline und drücke die Glasscheibe darauf. Schiebe nach 2 Tagen die Glasscheibe zur Seite, damit du die brennende Kerze in das Gefäß einführen kannst. Beachte das Kalkwasser im Schälchen!

7 — Keimblatt

Dauer: 2 Wo.

Material: 3 gleich weit entwickelte Bohnenkeimlinge, 3 Reagenzgläser, Ständer, destilliertes Wasser, Watte, Messer

Durchführung: Fülle die Gläser zu vier Fünftel mit Wasser und stelle in jedes Glas einen Keimling. Verschließe mit Watte so, dass diese nicht das Wasser berühren. Pflanze *1* behält beide Keimblätter. Bei Pflanze *2* wird ein Keimblatt abgetrennt, bei Pflanze *3* beide Keimblätter. Verfolge die Entwicklung der Pflanzen!

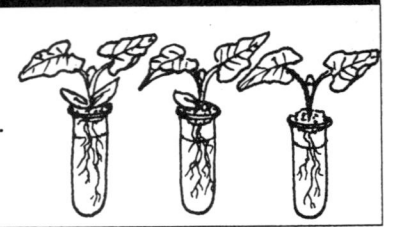

8 — Nährstoffvorrat

Dauer:

Material: 2 gequollene Bohnenkerne, Reagenzglas, Brenner, Messer, Jodlösung

Durchführung:
1) Schneide die Keimblätter des Bohnenkerns durch und betupfe die Schnittfläche mit Jodlösung.
2) Koche die Keimblätter eines Bohnenkerns im Reagenzglas mit Wasser etwa 5 Minuten. Zerschneide sie dann und betupfe sie mit Jodlösung. Farbe? Bedeutung?

9 — Kraft

Dauer: 1 Tag

Material: Feuerbohnen, Plastikbecher, Gummiring, Haushaltsfolie, Schüssel

Durchführung: Fülle den Plastikbecher mit Bohnen. Gib randvoll Wasser hinzu. Verschließe die Becheröffnung mit Haushaltsfolie und Gummiband. Stelle den Becher in die Schüssel.

10 — Licht

Dauer:

Material: 1 Bohnenkeimling, Blumentopf, Erde, Schachtel - auf einer Seite offen, mit Loch in anderer Seite

Durchführung: Stelle den Blumentopf mit dem Keimling an ein helles Fenster und lasse ihn eine Zeit lang wachsen. Stülpe nach ein paar Tagen die Schachtel über den Keimling - mit dem Loch vom Fenster weg. Beobachte die Wachstumsrichtung. Wiederhole den Versuch mehrmals, indem du die Lochrichtung veränderst.

© pb-Verlag Puchheim Biologie Botanik

Biologie

Ergebnisse unserer Keimversuche
Merksätze

Der Keim ist eine winzige, fertig vorgebildete Pflanze mit _____, _____ und einer _____.

Der Same braucht zum Keimen _____, _____, _____ und _____.

Die Nährstoffe sind im Samen in Form von _____ gespeichert. Sie reichen so lange, bis der Keimling _____ ist und _____ und _____ getrieben hat. Von da an kann er sich selbst ernähren.

Die Wurzeln sind _____, die Stängel _____.

Die Wurzeln bilden unzählige _____. Diese entziehen dem Boden _____ mit den darin gelösten _____.

Die Wurzeln scheiden _____ aus. Sie greift den Boden und selbst _____ an. Dadurch werden kleine Teile des Bodens _____, vom Bodenwasser _____ und von den Wurzelhaaren als _____ aufgesaugt.

Steine - Nahrung - Säure - lichtwendig - Wurzelhaare - Wurzelhaare - Nährsalzen - erdwendig - Blättern - Blätter - Wasser - Wasser - Wärme - Luft - Nährstoffe - Stärke - ergrünt - Stängel - zersetzt - Wurzel - gelöst

Biologie

Ergebnisse unserer Keimversuche
Merksätze

Der Keim ist eine winzige, fertig vorgebildete Pflanze mit __Stängel__, __Blättern__ und einer __Wurzel__.

Der Same braucht zum Keimen __Wasser__, __Wärme__, __Luft__ und __Nährstoffe__.
Die Nährstoffe sind im Samen in Form von __Stärke__ gespeichert. Sie reichen so lange, bis der Keimling __ergrünt__ ist und __Blätter__ und __Wurzelhaare__ getrieben hat. Von da an kann er sich selbst ernähren.

Die Wurzeln sind __erdwendig__, die Stängel __lichtwendig__.

Die Wurzeln bilden unzählige __Wurzelhaare__. Diese entziehen dem Boden __Wasser__ mit den darin gelösten __Nährsalzen__.

Die Wurzeln scheiden __Säure__ aus. Sie greift den Boden und selbst __Steine__ an. Dadurch werden kleine Teile des Bodens __zersetzt__, vom Bodenwasser __gelöst__ und von den Wurzelhaaren als __Nahrung__ aufgesaugt.

Steine - Nahrung - Säure - lichtwendig - Wurzelhaare - Wurzelhaare - Nährsalzen - erdwendig - Blättern - Blätter - Wasser - Wasser - Wärme - Luft - Nährstoffe - Stärke - ergrünt - Stängel - zersetzt - Wurzel - gelöst

Biologie

Der Kirschbaum blüht

Von der Blüte zur Frucht

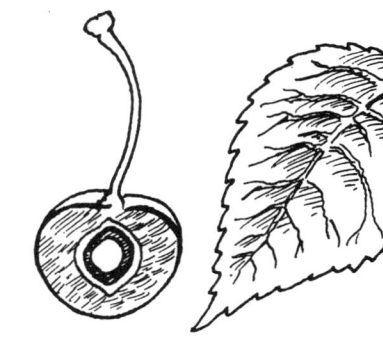

Blüten-_____ Blüten-_____ _____-entwicklung _____-längsschnitt _____-blatt

_____-

Kirschenliebhaber

_____-

_____-

Lockmittel im Kirschbaum

im Frühling: _____

im Sommer: _____

Biologie

Der Kirschbaum blüht

Von der Blüte zur Frucht

| Blüten-**grundriss** | Blüten-**längsschnitt** | **Frucht**-entwicklung | **Frucht**-längsschnitt | **Laub**-blatt |

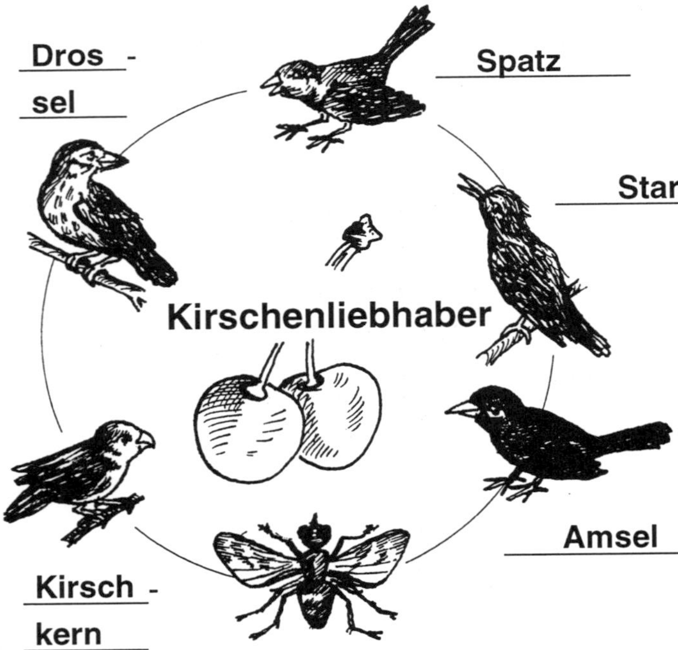

Kirschenliebhaber

- **Dros-sel**
- Spatz
- Star
- Amsel
- Kirschfliege
- **Kirsch-kern-beißer**

Lockmittel im Kirschbaum

im Frühling:
- **Duft**
- Farbe
- Blütenstaub
- Nektar

im Sommer: **Früchte**

Biologie

Was essen wir bei den Früchten?

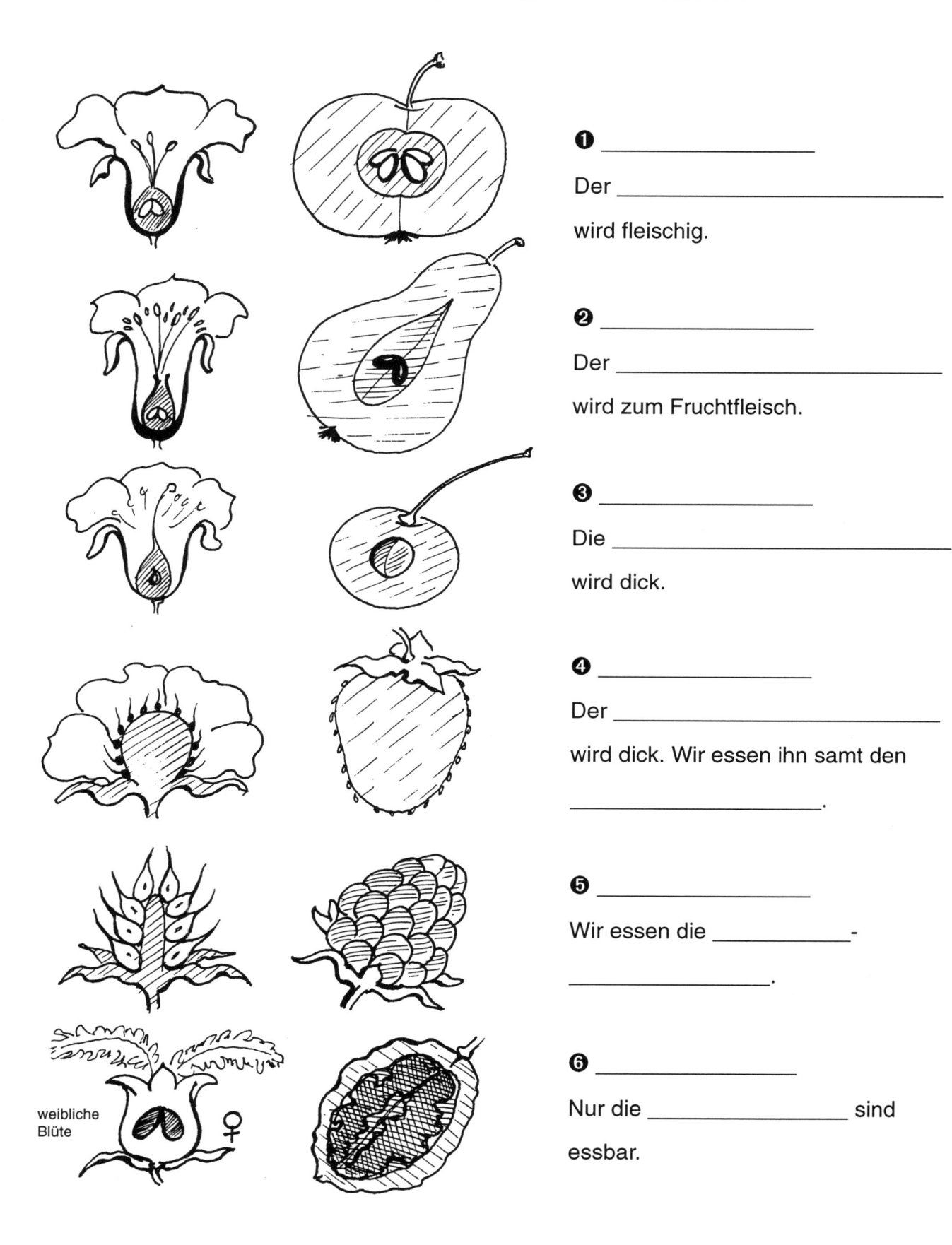

❶ _____

Der _____

wird fleischig.

❷ _____

Der _____

wird zum Fruchtfleisch.

❸ _____

Die _____

wird dick.

❹ _____

Der _____

wird dick. Wir essen ihn samt den

_____ .

❺ _____

Wir essen die _____ -

_____ .

❻ _____

Nur die _____ sind

essbar.

weibliche Blüte

Biologie

Was essen wir bei den Früchten?

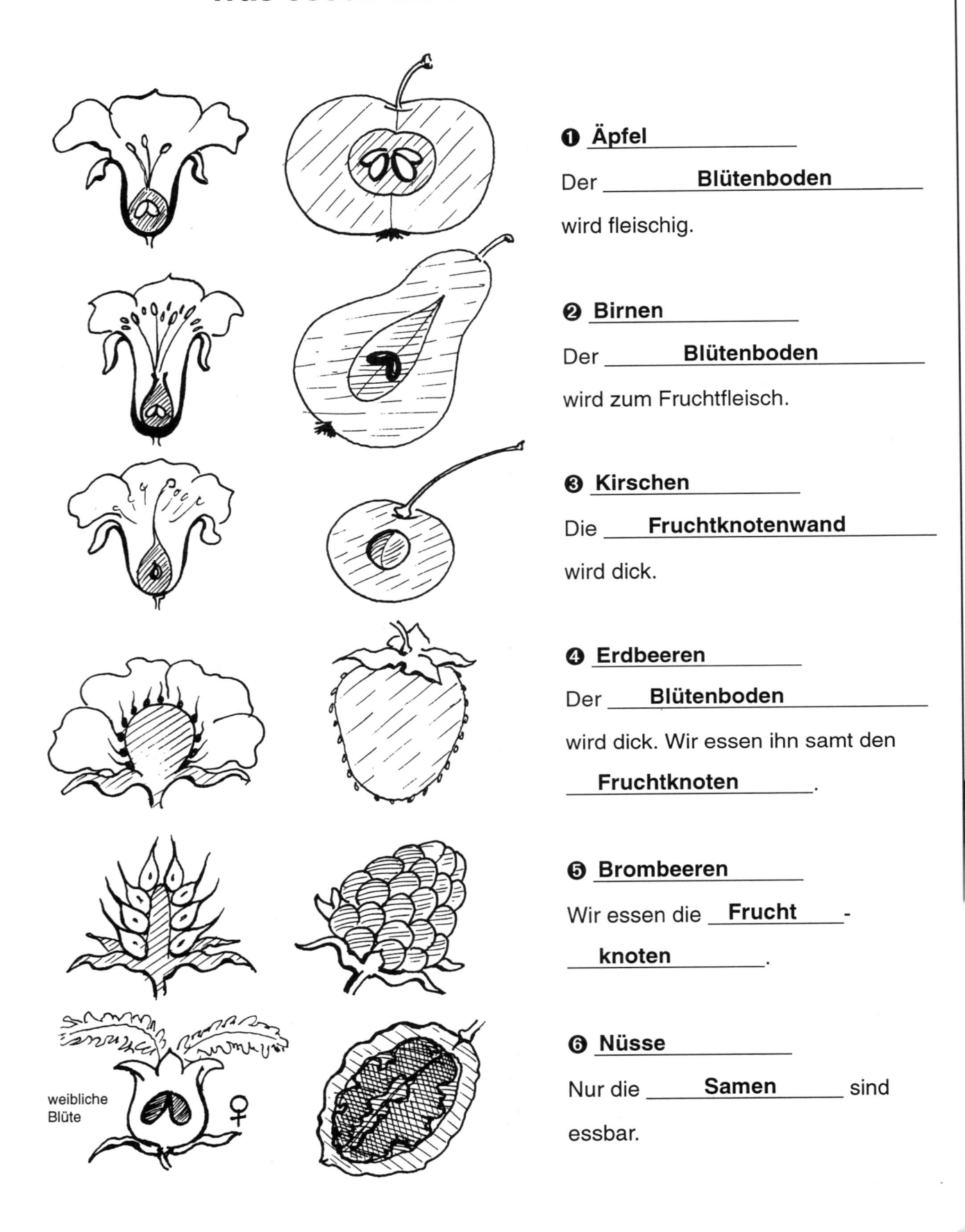

❶ Äpfel

Der _____Blütenboden_____ wird fleischig.

❷ Birnen

Der _____Blütenboden_____ wird zum Fruchtfleisch.

❸ Kirschen

Die _____Fruchtknotenwand_____ wird dick.

❹ Erdbeeren

Der _____Blütenboden_____ wird dick. Wir essen ihn samt den _____Fruchtknoten_____.

❺ Brombeeren

Wir essen die _____Frucht_____-_____knoten_____.

❻ Nüsse

Nur die _____Samen_____ sind essbar.

weibliche Blüte ♀

Biologie

Die Zuckerrübe

Eine Wildpflanze wurde Kulturpflanze

Von der _____rübe zur _____rübe

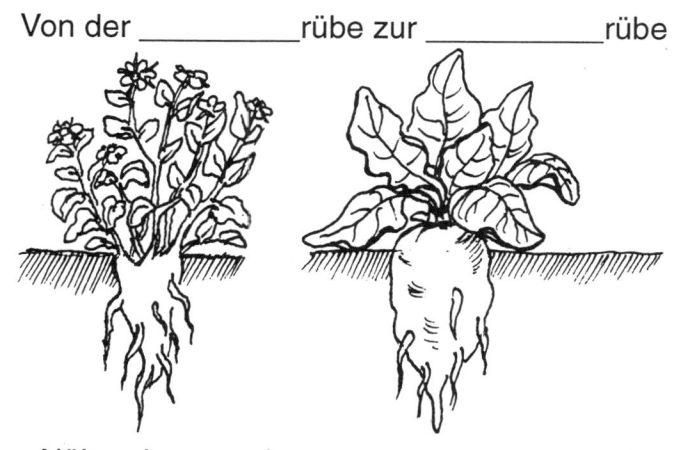

Nährsalze aus dem _____ gelangen durch Nährsalzleitungen ins Blatt

Die einjährige Zuckerrübenpflanze (mit den Herzblättchen) kommt nach der Kellerüberwinterung im Frühjahr auf den Acker zum Blühen und zur Samenbildung.

Eine Mini-Zuckerfabrik

Im Blatt Bildung von _____

Umwandlung von _____ in _____

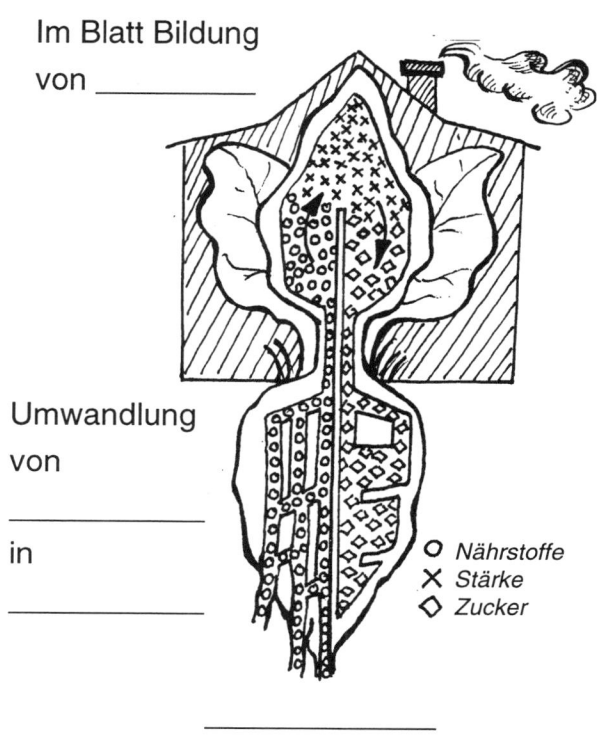

○ Nährstoffe
✕ Stärke
◇ Zucker

_____ in der Wurzel

Eine Zuckerfabrik: Zuckerherstellung aus Zuckerrüben

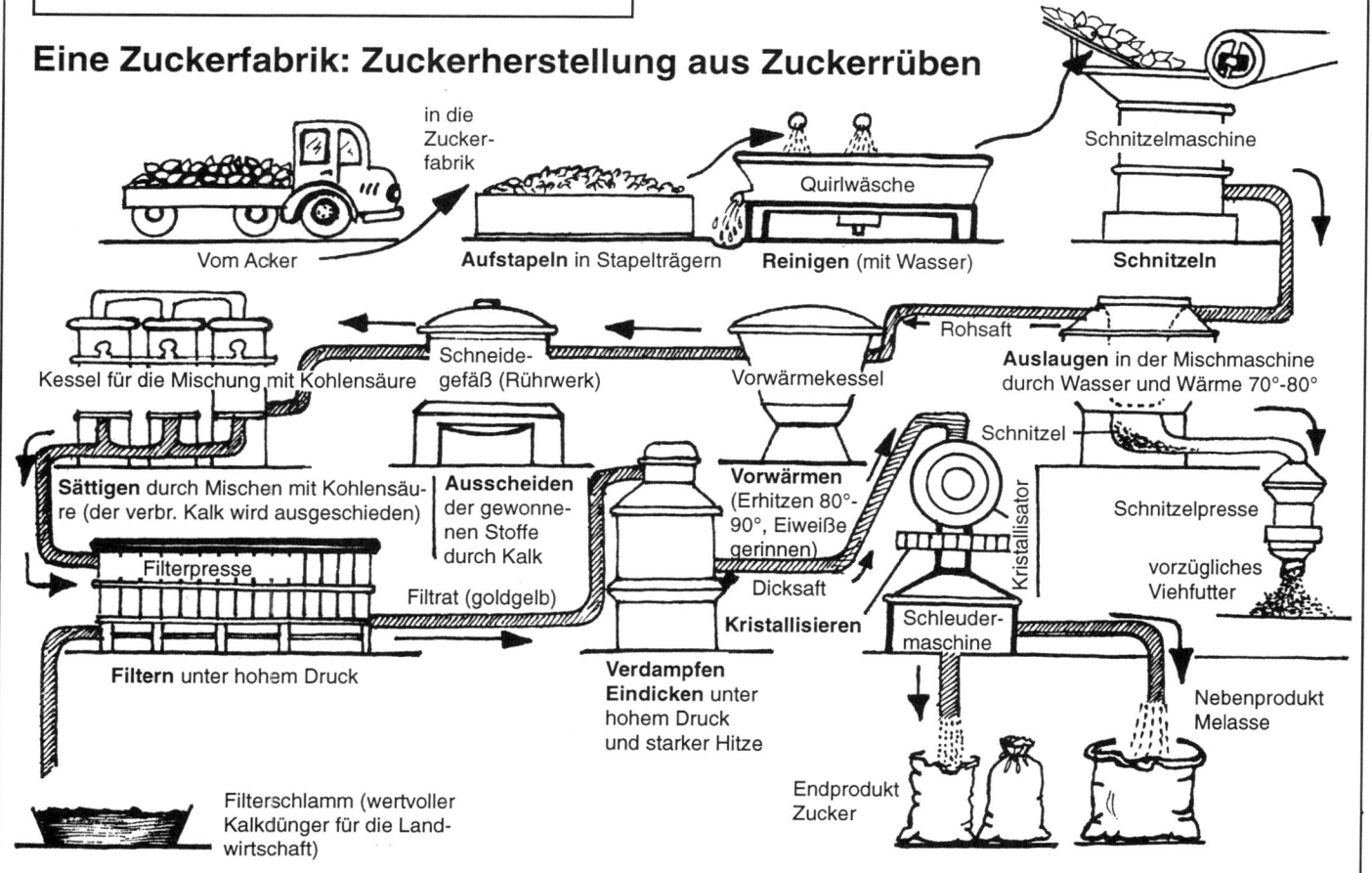

- **Vom Acker** → in die Zuckerfabrik
- **Aufstapeln** in Stapelträgern
- **Reinigen** (mit Wasser) — Quirlwäsche
- **Schnitzeln** — Schnitzelmaschine
- **Auslaugen** in der Mischmaschine durch Wasser und Wärme 70°-80° → Rohsaft
- Schnitzel → **Schnitzelpresse** → vorzügliches Viehfutter
- **Vorwärmen** (Erhitzen 80°-90°, Eiweiße gerinnen) — Vorwärmekessel
- **Schneidegefäß (Rührwerk)**
- Kessel für die Mischung mit Kohlensäure
- **Sättigen** durch Mischen mit Kohlensäure (der verbr. Kalk wird ausgeschieden)
- **Ausscheiden** der gewonnenen Stoffe durch Kalk
- **Filtern** unter hohem Druck — Filterpresse
- Filtrat (goldgelb)
- Filterschlamm (wertvoller Kalkdünger für die Landwirtschaft)
- **Verdampfen Eindicken** unter hohem Druck und starker Hitze → Dicksaft
- **Kristallisieren** — Kristallisator
- Schleudermaschine
- Endprodukt Zucker
- Nebenprodukt Melasse

© pb-Verlag Puchheim Biologie Botanik

Biologie

Die Zuckerrübe

Eine Wildpflanze wurde Kulturpflanze

Von der __Wild__ rübe zur __Zucht__ rübe

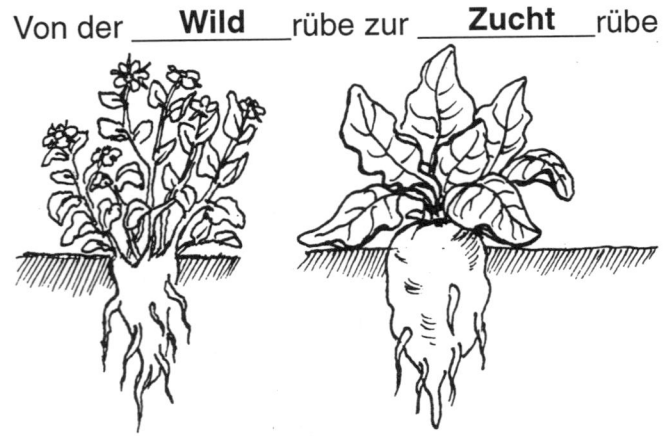

Nährsalze aus dem __Boden__ gelangen durch Nährsalzleitungen ins Blatt

Die einjährige Zuckerrübenpflanze (mit den Herzblättchen) kommt nach der Kellerüberwinterung im Frühjahr auf den Acker zum Blühen und zur Samenbildung.

Eine Mini-Zuckerfabrik

Im Blatt Bildung von __Stärke__

Umwandlung von __Stärke__ in __Zucker__

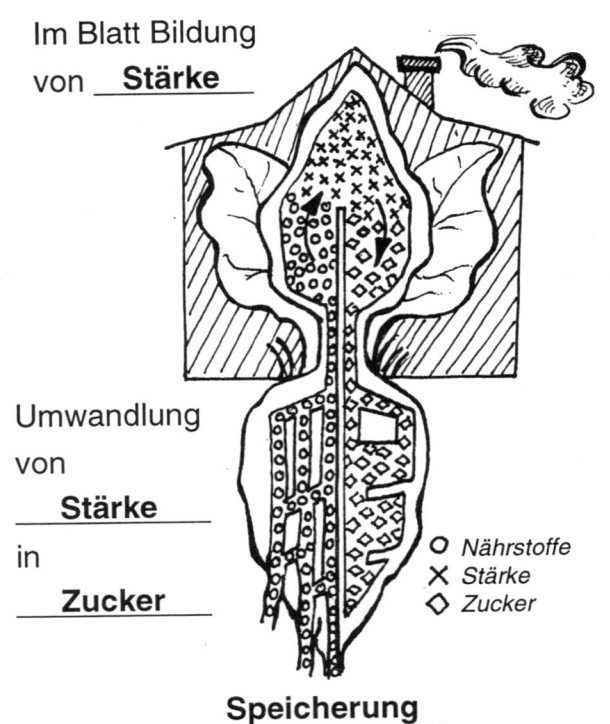

○ Nährstoffe
× Stärke
◇ Zucker

__Speicherung__ in der Wurzel

Eine Zuckerfabrik: Zuckerherstellung aus Zuckerrüben

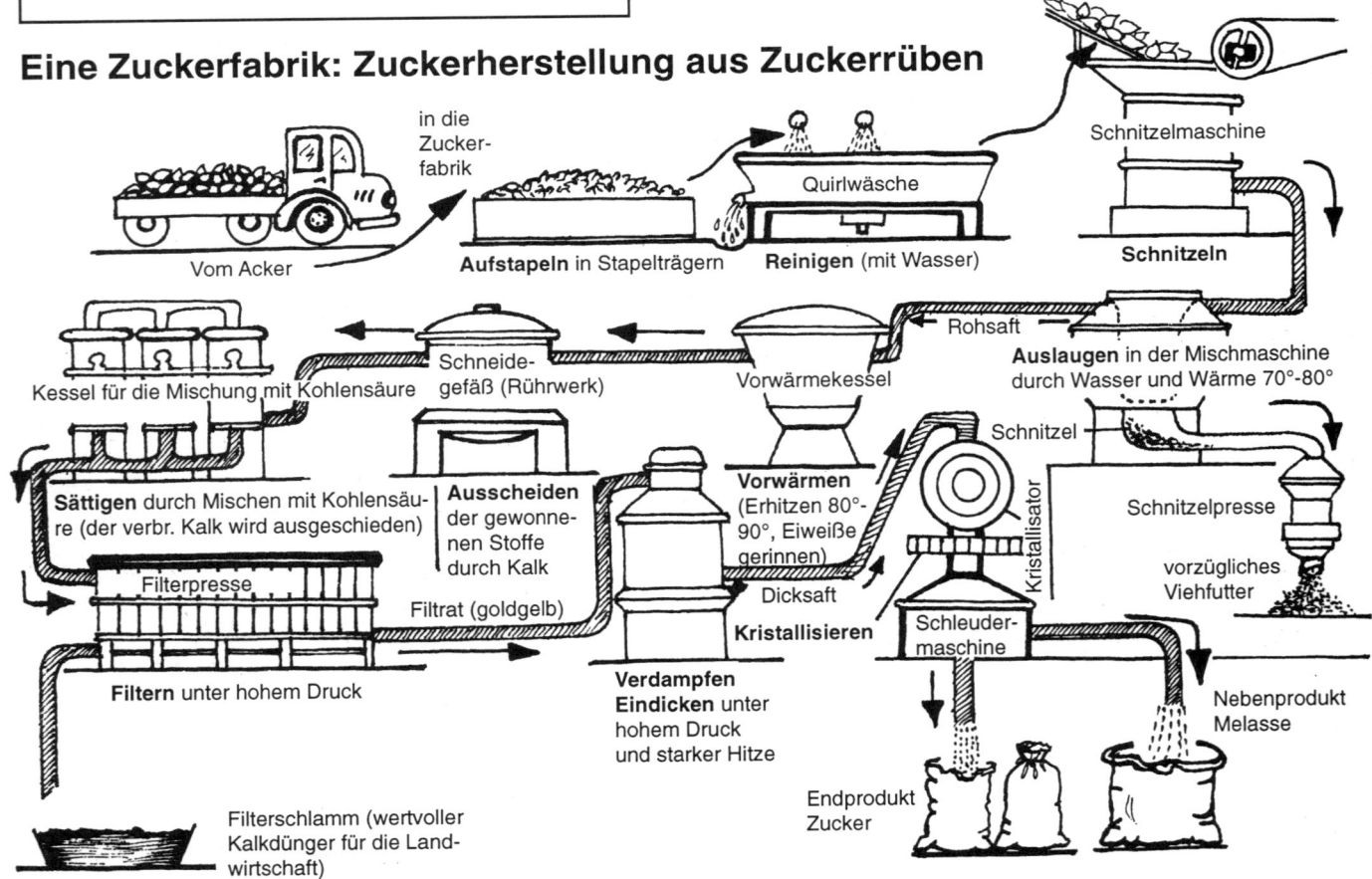

Vom Acker → in die Zuckerfabrik → **Aufstapeln** in Stapelträgern → **Reinigen** (mit Wasser) Quirlwäsche → **Schnitzeln** Schnitzelmaschine → **Auslaugen** in der Mischmaschine durch Wasser und Wärme 70°-80° → Rohsaft → Vorwärmekessel → Schneidegefäß (Rührwerk) → Kessel für die Mischung mit Kohlensäure → **Sättigen** durch Mischen mit Kohlensäure (der verbr. Kalk wird ausgeschieden) → Filterpresse → **Filtern** unter hohem Druck → **Ausscheiden** der gewonnenen Stoffe durch Kalk → Filtrat (goldgelb) → **Vorwärmen** (Erhitzen 80°-90°, Eiweiße gerinnen) → Dicksaft → **Verdampfen Eindicken** unter hohem Druck und starker Hitze → **Kristallisieren** → Kristallisator → Schleudermaschine → Endprodukt Zucker → Nebenprodukt Melasse

Schnitzel → Schnitzelpresse → vorzügliches Viehfutter

Filterschlamm (wertvoller Kalkdünger für die Landwirtschaft)

Biologie

Obstbäume veredeln

Veredeln heißt neue Bäume mit gewünschten _____ züchten.

An einen kräftigen Obstbaum werden gesunde _____ mit den gewünschten _____ operiert. Es geht dabei darum, die _____-_____ (Gefäßbündel) des Zweigstückes so an die des Baumes zu bringen, dass sie sich _____.

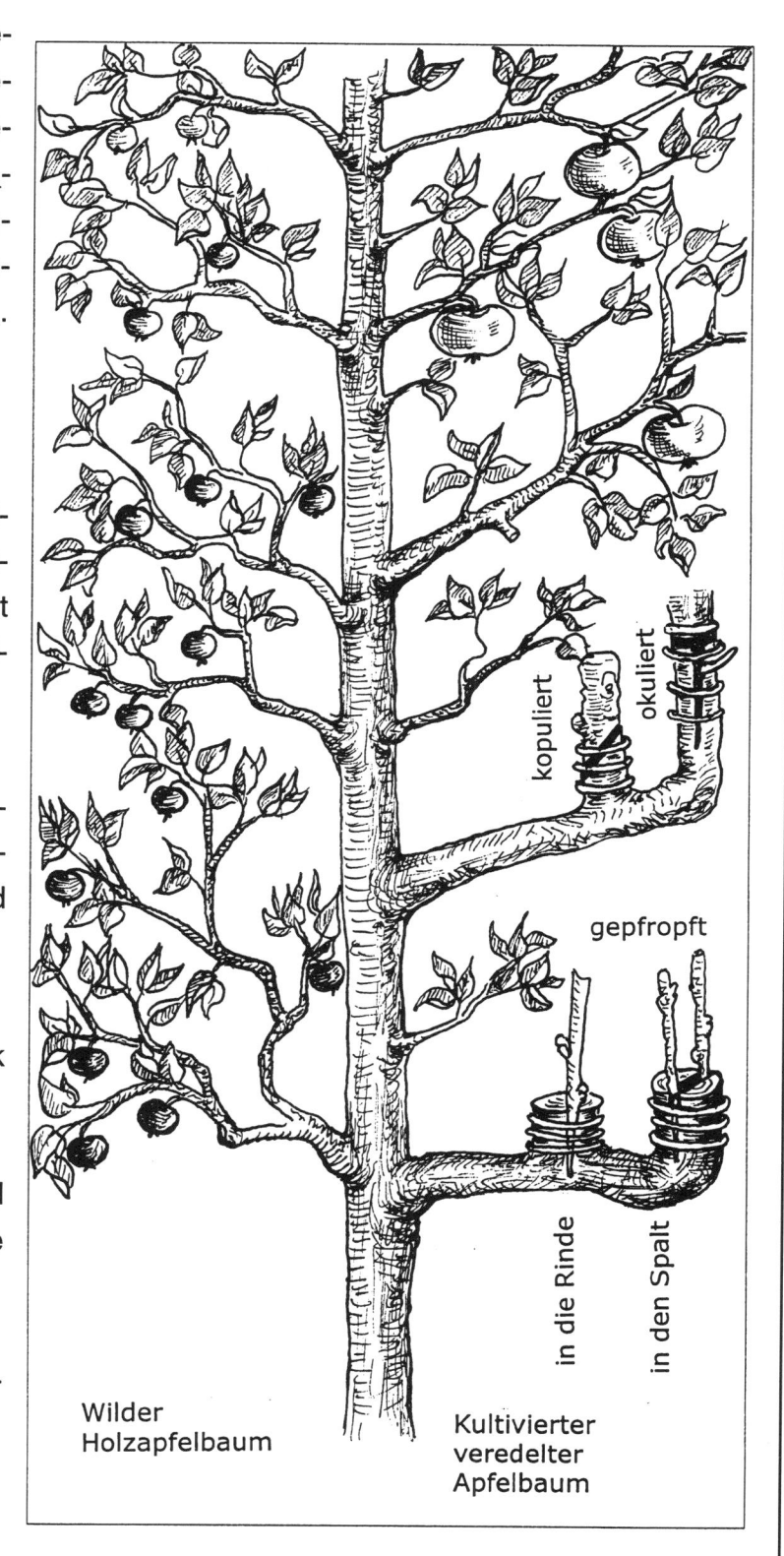

Die Formen:

❶ Das _____:
Eine Knospe (ein _____) des Zweiges wird unter die ___ -förmig aufgeschnittene Rinde des Baumes geschoben, mit Bast zugebunden und mit Wachs verstrichen. Nur das Auge schaut heraus.

❷ Das _____:
Es wird bei gleich dicken Zweigen angewandt. Beide werden _____ abgeschnitten, genau aufeinander gepasst und zusammengebunden.

❸ Das _____:
Es wird angewandt, wenn das Zweigstück dünner ist als der Ast:
a) in die _____:
Der Ast wird waagerecht abgesägt und das Zweigstück in die aufgeschnittene _____ gebunden.
b) in den _____:
Das Zweigstück wird in den _____-_____ Ast gebunden.

Wilder Holzapfelbaum

Kultivierter veredelter Apfelbaum

kopuliert — okuliert — gepfropft — in die Rinde — in den Spalt

Biologie

Obstbäume veredeln

Veredeln heißt neue Bäume mit gewünschten __Eigenschaften__ züchten.

An einen kräftigen Obstbaum werden gesunde __Zweigstücke__ mit den gewünschten __Eigenschaften__ operiert. Es geht dabei darum, die __Saft__-__bahnen__ (Gefäßbündel) des Zweigstückes so an die des Baumes zu bringen, dass sie sich __verbinden__.

Die Formen:

❶ Das __Okulieren__:
Eine Knospe (ein __Auge__) des Zweiges wird unter die __T__-förmig aufgeschnittene Rinde des Baumes geschoben, mit Bast zugebunden und mit Wachs verstrichen. Nur das Auge schaut heraus.

❷ Das __Kopulieren__:
Es wird bei gleich dicken Zweigen angewandt. Beide werden __schräg__ abgeschnitten, genau aufeinander gepasst und zusammengebunden.

❸ Das __Pfropfen__:
Es wird angewandt, wenn das Zweigstück dünner ist als der Ast:
a) in die __Rinde__:
Der Ast wird waagerecht abgesägt und das Zweigstück in die aufgeschnittene __Rinde__ gebunden.
b) in den __Spalt__:
Das Zweigstück wird in den __gespal__-__tenen__ Ast gebunden.

Wilder Holzapfelbaum

Kultivierter veredelter Apfelbaum

kopuliert — okuliert — gepfropft — in die Rinde — in den Spalt

| Betrachten-Beobachten-Untersuchen | Name: | Klasse: |

Frage

Warum brauchen Pflanzen so viel Wasser?

- Suche einen Laubbaum mit weichen Blättern (Birke, Erle oder Weide) auf dem Schulgelände.
- Stecke einen Zweig dieses Baumes in den Plastikbeutel.
- Verschließe den Beutel um den Zweig (Faden oder Klebeband).

- Achte auf Veränderungen im Plastikbeutel.
- Versuche, deine Beobachtungen zu erklären.

Material

Laubbaum mit weichen Blättern (Birke, Erle, Weide)

Plastikbeutel (durchsichtig)

Klebeband oder Bindfaden

_____
_____
_____
_____
_____
_____
_____
_____

INFORMATION

zur Sache

Die Transpiration (Abgabe von Wasserdampf an die Luft) ist für die Pflanze notwendig, um einen Wasserstrom in der Pflanze aufrecht zu erhalten, der dem Stofftransport dient. Die Wasserabgabe an die Luft erfolgt über Spaltöffnungen an den Blattoberflächen. Diese können bei Wassermangel vorübergehend geschlossen werden. Eine große Birke verdunstet an einem Sommertag ca. 300 Liter Wasser.

zur Didaktik

Es empfiehlt sich, die Wasserabgabe von Pflanzen mit harten, glatten Blättern und mit weichen, haarigen Blättern zu vergleichen. So gewinnt der Schüler die Erkenntnis, dass hartlaubige Pflanzen an trockenen und Pflanzen mit großen, weichen Blättern an feuchten Standorten wachsen.

(nach: *NATUR entdecken*, NEOMEDIA, s. Anhang)

| Betrachten-Beobachten-Untersuchen | Name: | Klasse: |

Frage

Wie verändert sich die Wiese?

- Bereite das Wiesenstückchen vor: Miss eine Fläche von 2 Metern Länge und 20 cm Breite ab. Mähe drumherum das Gras ab.

- Schlage 2 Pflöcke in 2 Metern Abstand in den Boden.

- Spanne zwischen die Pflöcke zwei Schnüre: Eine dicht über dem Boden, die andere 1 Meter über dem Boden.

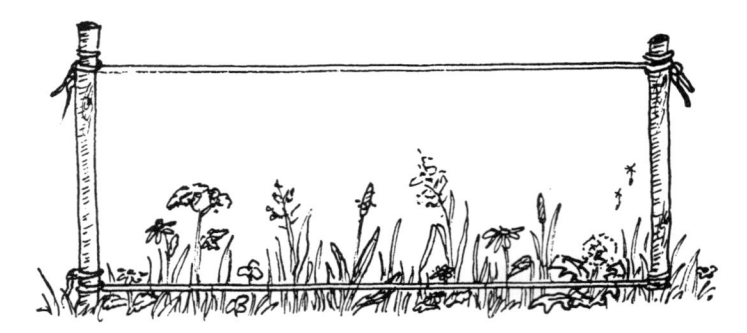

- Zeichne nun die Pflanzen, die direkt unter der am Boden gespannten Schnur wachsen.

- Fertige alle zwei Wochen eine Zeichnung an. Vergleiche die Zeichnungen.

Material

Wiesenstück, ca. 2 m lang und 20 cm breit, eventuell davor und dahinter "abgemäht" (Erlaubnis einholen!)

2 Holzpflöcke, ca. 1,50 m

5 Meter Schnur

Hammer, Maßband

Erkenntnisse:

_____
_____
_____
_____
_____

INFORMATION

zur Sache

Zunächst sind alle Pflanzen etwa gleich groß. Später wachsen manche von ihnen zu mehrfacher Höhe. Dies ist durch die Wuchshöhe der einzelnen Pflanze, aber auch durch den "Kampf um das Licht" bedingt.
(Ähnliche Entwicklung auch nach einer Mahd!)

zur Didaktik

Zunächst sollte versucht werden, die Pflanzen zu benennen (Bestimmungsbuch). Bei der Zeichnung ist auf die räumliche Verteilung und auf die verschiedenen Höhen der Pflanzen besonders zu achten. Man vergleiche auch die Bilderserien von verschiedenen Standorten.

(nach: *NATUR entdecken*, NEOMEDIA, s.Anhang)

© pb-Verlag Puchheim Biologie Botanik

Betrachten-Beobachten-Untersuchen	Name:	Klasse:

Aufgabe

Verschiedene Bodenarten

- Besorge Erde von einem Acker, aus einem Garten und aus dem Wald.
- Fülle die Erde jeweils 3 cm hoch in ein Glas und beschrifte es.
- Fülle die Gläser mit Wasser auf, verschließe sie und vermische die Erde mit dem Wasser. Schüttle sie kräftig und lass sie dann einige Zeit stehen.
- Trage drei Tage nacheinander deine Beobachtungen hier ein:

	Walderde	Gartenerde	Ackererde
1. Tag			
2. Tag			
3. Tag			

Material

Walderde
Ackererde
Gartenerde

3 Marmeladegläser mit Deckel

1 Löffel

Wasser

INFORMATION

zur Sache

Der Boden enthält winzige Steine, Überreste toter Pflanzen, Humus, mineralische Bestandteile, Mikroorganismen usw. Die Zusammensetzung ist von Standort zu Standort verschieden. Waldböden weisen zum Beispiel einen höheren Anteil an organischen Bestandteilen (Nadeln, Laub, Zweige....) auf. *Humus schwimmt im Wasser. Steinige Bestandteile setzen sich gleich zu Beginn am Boden der Gläser ab, während Lehm sich erst später absetzt.*

zur Didaktik

Vor allem im Wald sollte eine sehr kleine Bodenfläche zur Entnahme der Probe gewählt werden.

Der Versuch sollte so lange durchgeführt werden, bis das Wasser in allen Gläsern klar ist.

(nach: NATUR entdecken, NEOMEDIA, s.Anhang)

Betrachten-Beobachten-Untersuchen | Name: | Klasse:

Frage

Was passiert mit verschiedenen Dingen in der Erde?
Langzeitbeobachtung

- Fülle die Gartenerde in die Blumentöpfe.
- Vergrabe in jedem eine Materialprobe, ca. 2 cm tief.
- Klebe auf jeden Topf das passende Etikett.
- Begieße die Erde mit Wasser. Die Erde muss immer feucht sein.
- Kontrolliere jeden Monat, ob sich das Material verändert hat. Notiere Datum und Beobachtung.

Material

6 kleine Blumentöpfe mit Gartenerde

6 Materialproben:
Hobelspäne
Eisennagel
Gummiring
Papierstück
Laubbaumblätter
Styropor

6 Etiketten

Beobachtungsblatt

So könnte die Beobachtungstabelle aussehen:

Datum	Vergangene Zeit	Beobachtung	Zeichnung

INFORMATION

zur Sache

Viele Stoffe verrotten, wenn die Bedingungen dafür gegeben sind. Die Bestandteile, aus denen die Stoffe aufgebaut sind, gehen wieder in den natürlichen Kreislauf über. Viele Materialien können nicht oder nur mit großem Aufwand in den natürlichen Kreislauf zurückgebracht werden.

zur Didaktik

Am weitesten wird die Verrottung des Laubblattes voranschreiten. Holz und Papier werden im Laufe eines Jahres erste Zersetzungserscheinungen zeigen. Das Eisen beginnt zu rosten, der Gummiring und das Styroporstück werden keine Anzeichen einer Veränderung aufweisen.

(nach: NATUR entdecken, NEOMEDIA, s.Anhang)

© pb-Verlag Puchheim Biologie Botanik

Biologie		

Versuch: Wasser und Boden   Dauer: 1-2 Wochen

MATERIAL	4 Versuchsrohre, 3 durchbohrte Stopfen, 1 dichter Stopfen, 3 Röhrchen, Halterung, Watte, Gartenerde, Lehm, Kies, 4 Erbsen
ABLAUF *in a:* lockerer Gartenboden *in b:* lockerer Gartenboden, bis oben hin mit Wasser durchtränkt *in c:* schwerer Lehmboden *in d:* grober Kiesboden	
AUFGABEN	Beobachte die Entwicklung der Erbsen!
VERMUTUNGEN	a:_____ b:_____ c:_____ d:_____
BEOBACHTUNG	a:_____ _____ b:_____ _____ c:_____ _____ d:_____ _____
ERGEBNIS	Eine Pflanze gedeiht nur dann gut, wenn der Boden nicht zu _____ und nicht zu _____ ist. Zu viel Wasser verdrängt die _____ aus dem Boden und die Wurzeln können nicht _____.

© pb-Verlag Puchheim Biologie Botanik

Biologie

Versuch: Wasser und Boden — Dauer: 1-2 Wochen

MATERIAL: 4 Versuchsrohre, 3 durchbohrte Stopfen, 1 dichter Stopfen, 3 Röhrchen, Halterung, Watte, Gartenerde, Lehm, Kies, 4 Erbsen

ABLAUF:
- in a: lockerer Gartenboden
- in b: lockerer Gartenboden, bis oben hin mit Wasser durchtränkt
- in c: schwerer Lehmboden
- in d: grober Kiesboden

AUFGABEN: Beobachte die Entwicklung der Erbsen!

VERMUTUNGEN:
- a: Boden hat ausreichend Wasser
- b: Boden zu nass
- c: Boden lässt kein Wasser durch
- d: Boden lässt zu viel Wasser durch

BEOBACHTUNG:
- a: Die Erbse entwickelt sich normal, der Boden ist gut durchfeuchtet.
- b: Die Erbse wächst überhaupt nicht und geht zugrunde, sie ertrinkt förmlich im zu nassen Boden.
- c: Die Erbse weist nur geringes Wachstum auf und verkümmert, da Lehm kaum Wasser durchlässt.
- d: Die Erbse schrumpft und verdurstet, da Kies kein Wasser festhalten kann.

ERGEBNIS:

Eine Pflanze gedeiht nur dann gut, wenn der Boden nicht zu __nass__ und nicht zu __trocken__ ist. Zu viel Wasser verdrängt die __Luft__ aus dem Boden und die Wurzeln können nicht __atmen__.

© pb-Verlag Puchheim Biologie Botanik

Biologie

Versuch: Pflanzenkräfte
Dauer: Stunden

MATERIAL	1 leere Kondensmilchdose ohne Deckel, getrocknete Erbsen, Wasser, Ziegelstein, Papiertuch
ANLASS	Pflanzen können durch kleinste Ritzen im Straßenpflaster und in Felsspalten hindurchwachsen. Sie entwickeln bei Keimung und Wachstum also unvorstellbar große Kräfte.
AUFGABEN	1. Stelle die Dose auf das Papiertuch und fülle sie randvoll mit Erbsen. 2. Gib so viel Wasser hinzu, bis auch dieses die Dose bis zum Rand füllt. 3. Lege einen Ziegelstein auf die Dosenöffnung. Lasse alles mehrere Stunden lang stehen.
VERMUTUNGEN	_____ _____ _____
BEOBACHTUNG	_____ _____ _____ Skizziere auch die Beobachtung:
ERGEBNIS	Durch die Wasseraufnahme _____ die Erbsen und vergrößern damit ihr _____. Der aufliegende Ziegelstein setzt den sich _____ Erbsen weniger _____ entgegen als die _____ und wird deshalb _____.

© pb-Verlag Puchheim Biologie Botanik

Biologie		
Versuch: Pflanzenkräfte		**Dauer: Stunden**

MATERIAL	1 leere Kondensmilchdose ohne Deckel, getrocknete Erbsen, Wasser, Ziegelstein, Papiertuch
ANLASS	Pflanzen können durch kleinste Ritzen im Straßenpflaster und in Felsspalten hindurchwachsen. Sie entwickeln bei Keimung und Wachstum also unvorstellbar große Kräfte.
AUFGABEN	1. Stelle die Dose auf das Papiertuch und fülle sie randvoll mit Erbsen. 2. Gib so viel Wasser hinzu, bis auch dieses die Dose bis zum Rand füllt. 3. Lege einen Ziegelstein auf die Dosenöffnung. Lasse alles mehrere Stunden lang stehen.
VERMUTUNGEN	Wasseraufnahme ⇨ Zunahme an Volumen ⇨ Ziegelstein wird weggeschoben, zerbrochen ...
BEOBACHTUNG	Die Erbsen quellen, der Ziegelstein wird angehoben. Skizziere auch die Beobachtung:
ERGEBNIS	Durch die Wasseraufnahme __quellen__ die Erbsen und vergrößern damit ihr __Volumen__. Der aufliegende Ziegelstein setzt den sich __ausdehnenden__ Erbsen weniger __Widerstand__ entgegen als die __Konservendose__ und wird deshalb __angehoben__.

© pb-Verlag Puchheim Biologie Botanik

Biologie

Versuch: Fotosynthese

MATERIAL	Blatt der Schwertlilie, Mikroskop, Skalpell	Topfpflanze, Stanniol oder Pappe, Alkohol, Jodlösung (Jod-Jodkalium)	Aquarium mit Wasserpflanze, Glas, Span
ABLAUF	Vom Blatt werden kleine Stücke der Oberhaut abgezogen und eingefärbt.	Schneide aus dem Pappstreifen ein Muster und befestige ihn doppelt um das Blatt an der Pflanze. Nach einem ganzen Tag entfernst du Blatt und Schablone, kochst das Blatt 10 min. und breitest es im Teller aus. Übergieße es mit Alkohol und lass es so 2-3 Tage im Dunkeln stehen.	Über die Wasserpflanze wird ein großes Becherglas gestülpt und dieses beschwert. Ein Gas sammelt sich darin.
AUFGABEN	❶ Betrachte sie unter dem Mikroskop. ❷ Zeichne, was du siehst.	Lege das Blatt in die Jodlösung und zeichne, was du siehst.	Fange eine größere Menge Gas auf und halte einen glimmenden Span hinein.
VERMUTUNGEN	_____	_____	_____
BEOBACHTUNG			Der Span _____.
ERGEBNIS	Wir erkennen die _____ mit _____ - _____ (B) und _____ (S).	Jod färbt Stärke _____. Diese Färbung findet man nur an den _____ Blattstellen. Hinweis: Alkohol zieht Blattgrünkörner aus dem Blatt und bleicht es somit.	_____ Wasserpflanzen bilden Stärke und _____.

Biologie

Versuch: Fotosynthese

MATERIAL	Blatt der Schwertlilie, Mikroskop, Skalpell	Topfpflanze, Stanniol oder Pappe, Alkohol, Jodlösung (Jod-Jodkalium)	Aquarium mit Wasserpflanze, Glas, Span
ABLAUF	Vom Blatt werden kleine Stücke der Oberhaut abgezogen und eingefärbt.	Schneide aus dem Pappstreifen ein Muster und befestige ihn doppelt um das Blatt an der Pflanze. Nach einem ganzen Tag entfernst du Blatt und Schablone, kochst das Blatt 10 min. und breitest es im Teller aus. Übergieße es mit Alkohol und lass es so 2-3 Tage im Dunkeln stehen.	Über die Wasserpflanze wird ein großes Becherglas gestülpt und dieses beschwert. Ein Gas sammelt sich darin.
AUFGABEN	❶ Betrachte sie unter dem Mikroskop. ❷ Zeichne, was du siehst.	Lege das Blatt in die Jodlösung und zeichne, was du siehst.	Fange eine größere Menge Gas auf und halte einen glimmenden Span hinein.
VERMUTUNGEN	Zellen sind deutlich zu erkennen	Farbunterschiede auf der Oberfläche des Blattes	Die Stärke der Verbrennung ändert sich.
BEOBACHTUNG	(Zeichnung: Oberhautzellen mit B und S)	(Zeichnung: Blatt mit hellem Muster)	Der Span **flammt auf**.
ERGEBNIS	Wir erkennen die **Oberhautzellen** mit **Blattgrün**-**körnern** (B) und **Spaltöffnungen** (S).	Jod färbt Stärke **blau**. Diese Färbung findet man nur an den **belichteten** Blattstellen. Hinweis: Alkohol zieht Blattgrünkörner aus dem Blatt und bleicht es somit.	**Belichtete** Wasserpflanzen bilden Stärke und **Sauerstoff**.

3. Ökosysteme

Hecke

Wiese

Gewässer

Biologie

Symbiose und Antibiose

Definition Symbiose:

Zwei Pflanzen bzw. Tiere unterschiedlicher Art leben _____ und _____ sich _____.

Beispiel:

_____ und _____

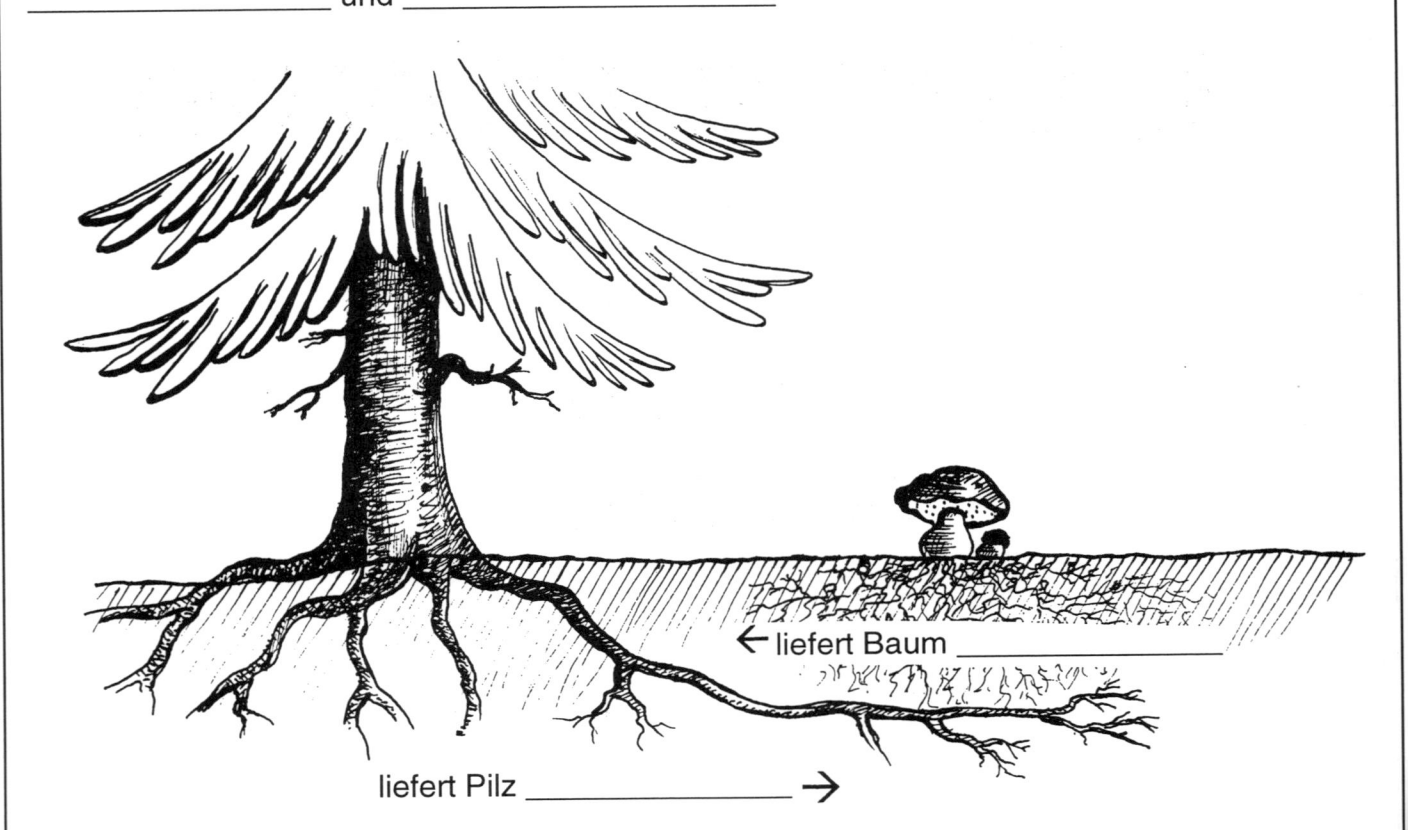

← liefert Baum _____

liefert Pilz _____ →

Definition Antibiose:

Eine Pflanze _____ das _____ einer anderen Art.

Beispiele:

Du benötigst drei Pflanzbehälter, Rettichstücke, Apfelschalen und Kressesamen.

Führe diese Keimversuche durch:

1. nur Kressesamen
2. Kressesamen, in die Erde Apfelschalen mischen
3. Kressesamen, in die Erde Rettichstücke mischen

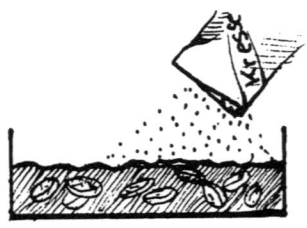

Beobachtung:

_____ _____ _____

_____ _____ _____ .

© pb-Verlag Puchheim Biologie Botanik

Biologie

Das Ökosystem

Ökosystem

= _____

im _____

_____

+ _____

Biozönose: _____

Biotop: _____

_____ Faktoren _____

_____ Faktoren _____

Zwischen den Organismen einer Biozönose gibt es _____beziehungen, die man _____ nennt. Glieder dieses Stoffkreislaufs unterteilt man in drei Sorten:

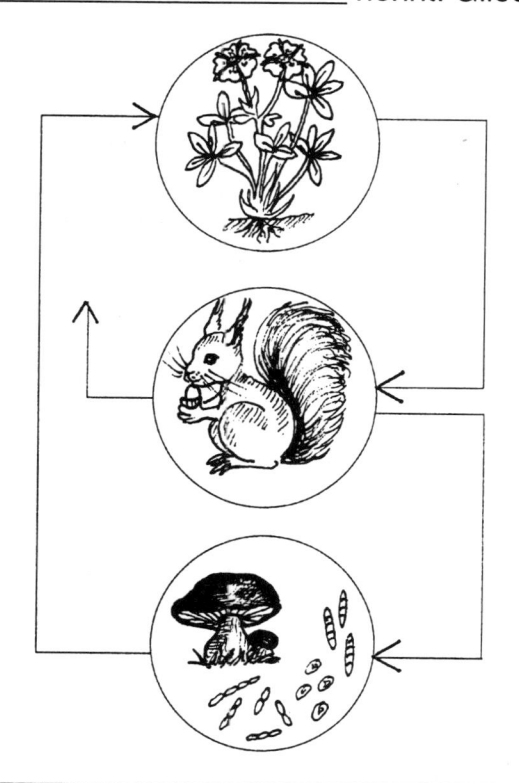

❶ Die _____:
Das sind grüne _____; sie stellen aus Nährsalzen + _____ + _____ + _____ (CO_2) Nährstoffe her.

❷ Die _____:
Sie ernähren sich von den _____ Pflanzen (von deren _____).

❸ Die _____:
Sie bauen tote _____ und _____ und deren _____ ab zu _____.

Biologie

Das Ökosystem

Ökosystem

= __Biozönose__

im __Biotop__

+ __Umweltfaktoren__

Biozönose:
__Lebensgemeinschaft__
Biotop:
__Lebensraum__

__abiotische__ Faktoren → __Licht, Temperatur, Kohlendioxid, Wasser, Boden, Wind, Hanglage, Hangneigung, ...__

__biotische__ Faktoren → __Konkurrenz, Symbiose, Parasitismus, Antibiose, Wachstum, Vermehrung, ...__

Zwischen den Organismen einer Biozönose gibt es __Nahrungs__beziehungen, die man __Nahrungsketten__ nennt. Glieder dieses Stoffkreislaufs unterteilt man in drei Sorten:

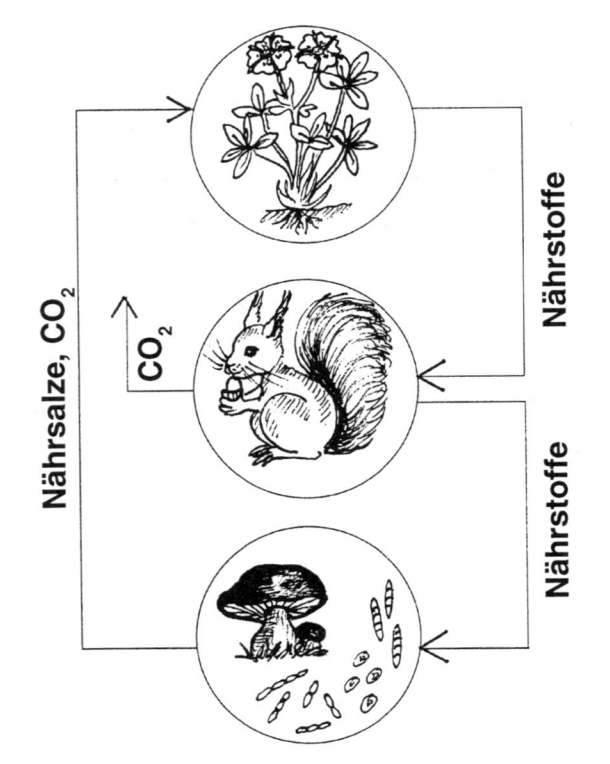

❶ Die __Produzenten__:
Das sind grüne __Pflanzen__; sie stellen aus Nährsalzen + __Wasser__ + __Licht__ + __Kohlendioxid__ (CO_2) Nährstoffe her.

❷ Die __Konsumenten__:
Sie ernähren sich von den __grünen__ Pflanzen (von deren __Nährstoffen__).

❸ Die __Reduzenten__:
Sie bauen tote __Pflanzen__ und __Tiere__ und deren __Ausscheidungen__ ab zu __Nährsalzen__.

Biologie

Zeigerpflanzen
(Bioindikatoren)

Zeigerpflanzen sind Wildpflanzen, deren Anwesenheit auf die besonderen _____ eines _____ hindeuten, da sie verstärkt oder nur dort auftreten.
Zeigerpflanzen, die an die Standortbesonderheiten _____ sind, _____ dort und sind somit _____ für diese Standorte.

❶ Beispiel: Bodeneigenschaften des Ackers

Ergänze nach eigenen Funden / Messungen / Beobachtungen:
- für Sandboden: Vogelmiere, _____
- für Feuchtigkeit: Ackerminze, _____
- für verdichteten Boden: Quecke, _____
- für Staunässe: Mädesüß, _____
- für Salzboden: Melde, _____
- für sauren Boden: Honiggras, _____
- für alkalischen Boden: Huflattich, _____
- für stickstoffreichen Boden: Brennnessel, _____

❷ Beispiel: Zeigerpflanzen für die Jahreszeit

Mit diesen Pflanzen bzw. Ereignissen kann man den Einzug der jeweiligen Jahreszeit angeben:
Beobachte und trage ein:

- Vorfrühling (Blüte, Austrieb) _____

- Erstfrühling (Blüte, Blätter, Austrieb) _____

- Vollfrühling (Blüte, Blätter, Trieb) _____

- Frühsommer (Blüte, reif) _____

- Hochsommer (Blüte, reif) _____

- Spätsommer (Blüte, reif) _____

- Frühherbst (reif) _____

- Vollherbst (reif, Blattfärbung) _____

- Spätherbst (Blattfall) _____

Biologie

Zeigerpflanzen
(Bioindikatoren)

Zeigerpflanzen sind Wildpflanzen, deren Anwesenheit auf die besonderen __Eigenschaften__ eines __Standort__ hindeuten, da sie verstärkt oder nur dort auftreten. Zeigerpflanzen, die an die Standortbesonderheiten __angepasst__ sind, __dominieren__ dort und sind somit __charakteristisch__ für diese Standorte.

❶ Beispiel: Bodeneigenschaften des Ackers

Ergänze nach eigenen Funden / Messungen / Beobachtungen:

- für Sandboden: Vogelmiere, __Königskerze__
- für Feuchtigkeit: Ackerminze, __Ampfer, Schachtelhalm__
- für verdichteten Boden: Quecke, __kriechender Hahnenfuß__
- für Staunässe: Mädesüß, __Ackerminze, Ackerschachtelhalm__
- für Salzboden: Melde, _____
- für sauren Boden: Honiggras, __Hundskamille, Sauerampfer__
- für alkalischen Boden: Huflattich, __Ackersenf, Luzerne, Leinkraut__
- für stickstoffreichen Boden: Brennnessel, __Vogelmiere, Kerbel__

❷ Beispiel: Zeigerpflanzen für die Jahreszeit

Mit diesen Pflanzen bzw. Ereignissen kann man den Einzug der jeweiligen Jahreszeit angeben:
Beobachte und trage ein:

- Vorfrühling (Blüte, Austrieb) __Haselblüte, Schneeglöckchen, Schwarzerlenblüte, Stachelbeere (Austrieb)__
- Erstfrühling (Blüte, Blätter, Austrieb) __Forsythienblüte, Stachelbeere (Blätter), Rosskastanie (Austrieb), Süßkirsche (Blüte), Löwenzahn (Blüte)__
- Vollfrühling (Blüte, Blätter, Trieb) __Apfel (Blüte), Flieder (Blüte), Kastanie (Blüte), Weißdorn (Blüte), Stieleiche (Blätter), Fichte (Trieb)__
- Frühsommer (Blüte, reif) __Holunder (Blüte), Hundsrose (Blüte), Süßkirsche (reif)__
- Hochsommer (Blüte, reif) __Beifuß (Blüte), Sonnenblume (Blüte), Johannisbeere (reif), Stachelbeere (reif), Sauerkirsche (reif)__
- Spätsommer (Blüte, reif) __Echte Heide (Blüte), frühe Äpfel (reif), Eberesche (reif), Hafer (reif)__
- Frühherbst (reif) __Erste Birnen (reif), Schwarzer Holunder (reif), Weißdorn (reif), Hundsrose (reif), Kastanienfrüchte (reif)__
- Vollherbst (reif, Blattfärbung) __Süßkirsche (Blattfärbung), Buche (Blattfärbung), Kastanie (Blattfärbung), Eiche (reif), Rüben (reif)__
- Spätherbst (Blattfall) __Kastanie (Blattfall), Eberesche (Blattfall), Eiche (Blattfall), Lärche (Nadelfall), Apfel (Blattfall), ...__

Biologie

Lebensgemeinschaft Wiese

Lernziele und Inhalte

- Erscheinungsformen der Wiese
- Licht-, Wasser-, Temperatur-, Wind- und Bodenverhältnisse
- kennzeichnende Tier- und Pflanzenarten
- besondere Anpassung an den Lebensraum Wiese
- Bedeutung, Gefährdung, Schutz

Themenbeispiele: im Heft!

- Wie eine Wiese entsteht
- Wiesenarten
- Organisation der Wiese (Stockwerkbau)
- Grundwasserspiegel
- Wiesenboden
- Pflanzenbewohner der Wiese
- Bauplan der Gräser
- Nutzwiese, Blumenwiese
- "Parasit" Kleeteufel
- "Schädling" Maikäfer/Engerling
- Gleichgewichte: Wer frisst wen?
- Insekten auf der Wiese
- Bienen
- Wiesensalbei: Bestäubung/Befruchtung
- Windbestäubung
- Ungeschlechtliche Vermehrung: Beispiele
- "Unkraut" Löwenzahn
- Wiesenpflege

Begriffe

Biozönose: Lebensgemeinschaft im Biotop mit Ernährungsbeziehungen
Biotop: Lebensraum mit einheitlichen Lebensbedingungen
Ökosystem: Gefüge von Biozönose, Biotop und Umweltbedingungen

© pb-Verlag Puchheim Biologie Botanik

Betrachten-Beobachten-Untersuchen | Name: | Klasse:

Aufgabe

Wiesenpflanzen untersuchen

- Suche auf der Wiese je eine Löwenzahn-, Gänseblümchen- und Kleepflanze.
- Grabe sie vorsichtig aus.
- Halte die Pflanze beim Graben mit der Hand fest.
- Stich mit der Schaufel seitlich möglichst tief in die Erde, so dass die Wurzeln nicht beschädigt werden.
- Reinige die Wurzeln vorsichtig.
- Beschreibe nun die Merkmale der Pflanze in einer Tabelle wie dieser:

Pflanze	Wurzel	Blätter	Blüte	Spross
Löwenzahn				

Material

Pflanzschaufel

Wildpflanzen aus einer Wiese:
Gänseblümchen
Löwenzahn
Klee

Bestimmungsbuch

INFORMATION

	Wurzel (Art, Länge)	Spross (Stängel) Länge, Aussehen	Blätter (Ansatz, Form)	Blüte (Farbe, Form)
Löwenzahn	Wurzelstock mit langer Pfahlwurzel	hohl., weiße Milch an Rissstellen	grundständig (= vom Boden weggehend); gezahnt	gelb, in einem Korb
Gänseblümchen	Wurzelstock kriechend	Stängel trägt eine Blüte (Blütenkörbchen)	vom Boden wachsend	innen gelb, außen weiß oder rötlich
Klee	Wurzelstock mit Knöllchen	grün, dünn und lang; trägt eine Blüte	langstielig, meist drei-, selten vier bis siebenzählig	rotes, kugeliges Blütenköpfchen, selten weiß wohlriechend

© pb-Verlag Puchheim Biologie Botanik

Biologie

Wiesenarten

Wiesen schauen unterschiedlich aus:

❶ Die _____:

Sie liegt oberhalb der _____-_____, daher viel _____

• _____ Gras

• viele _____

❷ Die _____:

Auch _____ genannt.

• vom Menschen angepflanzt

• _____reich

• _____ Gras

• _____ Boden

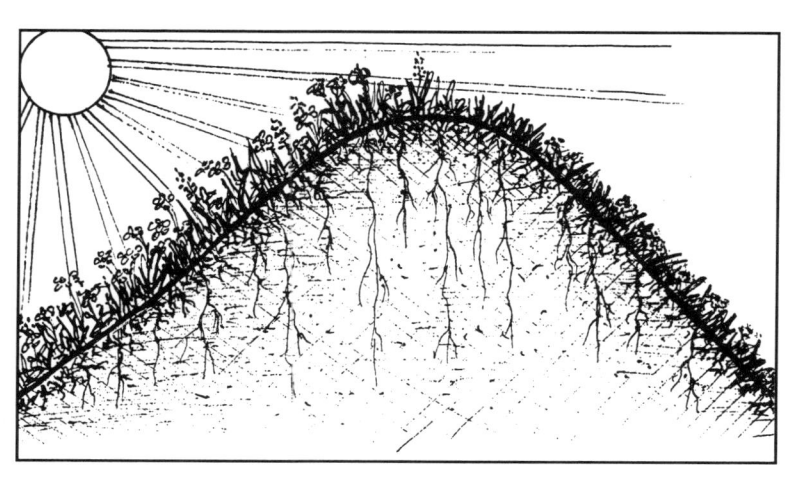

❸ Die _____:

• lange _____ erforderlich, um _____ zu erreichen

• Die Sonnenseitenwiese ist der Schattenwiese in der Entwicklung um etwa ____ Wochen voraus.

Weitere Wiesenarten:
• die nassen _____
• die künstlich bewässerten _____

Faktoren, die das Wachstum der Gräser, Kräuter und Blumen beeinflussen:
_____
_____

Biologie

Wiesenarten

Wiesen schauen unterschiedlich aus:

❶ Die __Bergmatte__:

Sie liegt oberhalb der __Baum__-__grenze__, daher viel __Licht__

- __kurzes__ Gras
- viele __Blumen__

❷ Die __Talwiese__:

Auch __Kulturwiese__ genannt.

- vom Menschen angepflanzt
- __kraut__reich
- __hohes__ Gras
- __feuchter__ Boden

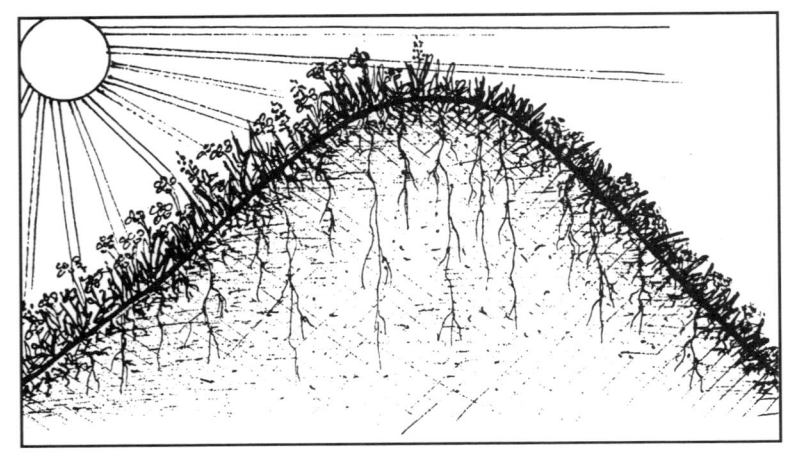

❸ Die __Hangwiese__:

- lange __Wurzeln__ erforderlich, um __Grundwasser__ zu erreichen
- Die Sonnenseitenwiese ist der Schattenwiese in der Entwicklung um etwa __2__ Wochen voraus.

Weitere Wiesenarten:
- die nassen __Moorwiesen__
- die künstlich bewässerten __Wässermatten__

Faktoren, die das Wachstum der Gräser, Kräuter und Blumen beeinflussen:
Höhenlage, Bodenfeuchtigkeit, Lage zur Richtung der Sonnenstrahlen, Bodenart, Nährsalzgehalt

Biologie

Die Organisation der Wiese
Stockwerkbau der Wiese

Die Bewohner einer Wiese müssen den _____-, _____- und _____-raum möglichst gut ausnützen, wenn sie bestehen wollen.

2. _____

volles _____
Ober_____ und hohe _____pflanzen

1. _____

Unter_____ und mittelhohe Kräuter:
_____, _____-_____

E_____

wenig _____, darum große _____

O_____

Filz von _____wurzeln

M_____

_____wurzeln

T_____

_____wurzeln des _____

Grund_____

Gestalte die Wiese oben farbig!

Biologie

Die Organisation der Wiese
Stockwerkbau der Wiese

Die Bewohner einer Wiese müssen den __Licht__-, __Luft__- und __Boden__-raum möglichst gut ausnützen, wenn sie bestehen wollen.

2. Stock

volles __Licht__
Ober__gräser__ und hohe __Kraut__pflanzen

1. Stock

Unter__gräser__ und mittelhohe Kräuter:
__Klee__, __Löwen__-__zahn__

E__rdgeschoß__

wenig __Licht__, darum große __Blattfläche__

O__berkeller__

Filz von __Gras__wurzeln

M__ittelkeller__

__Klee__wurzeln

T__iefkeller__

__Pfahl__wurzeln des __Löwenzahnes__.

Grund__wasser__

Gestalte die Wiese oben farbig!

© pb-Verlag Puchheim Biologie Botanik

Biologie

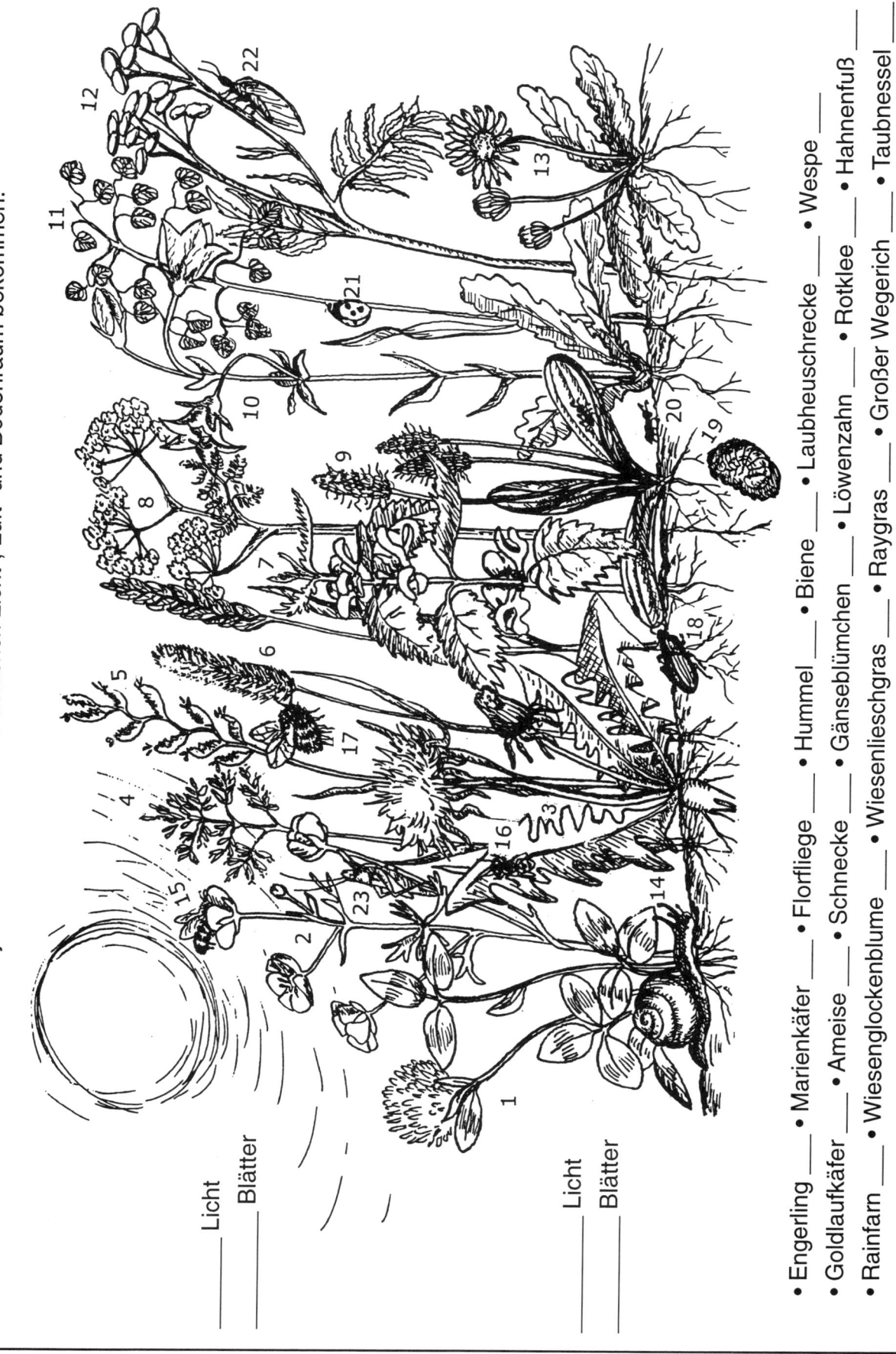

Auf der Wiese herrscht Ordnung

Die Wiesenpflanzen bilden verschiedene Stockwerke.

Nur so kann jede Pflanze den erforderlichen Licht-, Luft- und Bodenraum bekommen.

____ Licht
____ Blätter

____ Licht
____ Blätter

- Engerling ____ • Marienkäfer ____ • Florfliege ____ • Hummel ____ • Biene ____ • Laubheuschrecke ____ • Wespe
- Goldlaufkäfer ____ • Ameise ____ • Schnecke ____ • Gänseblümchen ____ • Löwenzahn ____ • Rotklee ____ • Hahnenfuß
- Rainfarn ____ • Wiesenglockenblume ____ • Wiesenlieschgras ____ • Raygras ____ • Großer Wegerich ____ • Taubnessel
- Honiggras ____ • Zittergras ____ • Wiesenkerbel

Biologie

Auf der Wiese herrscht Ordnung

Die Wiesenpflanzen bilden verschiedene Stockwerke.
Nur so kann jede Pflanze den erforderlichen Licht-, Luft- und Bodenraum bekommen.

viel Licht
kleine Blätter

wenig Licht
große Blätter

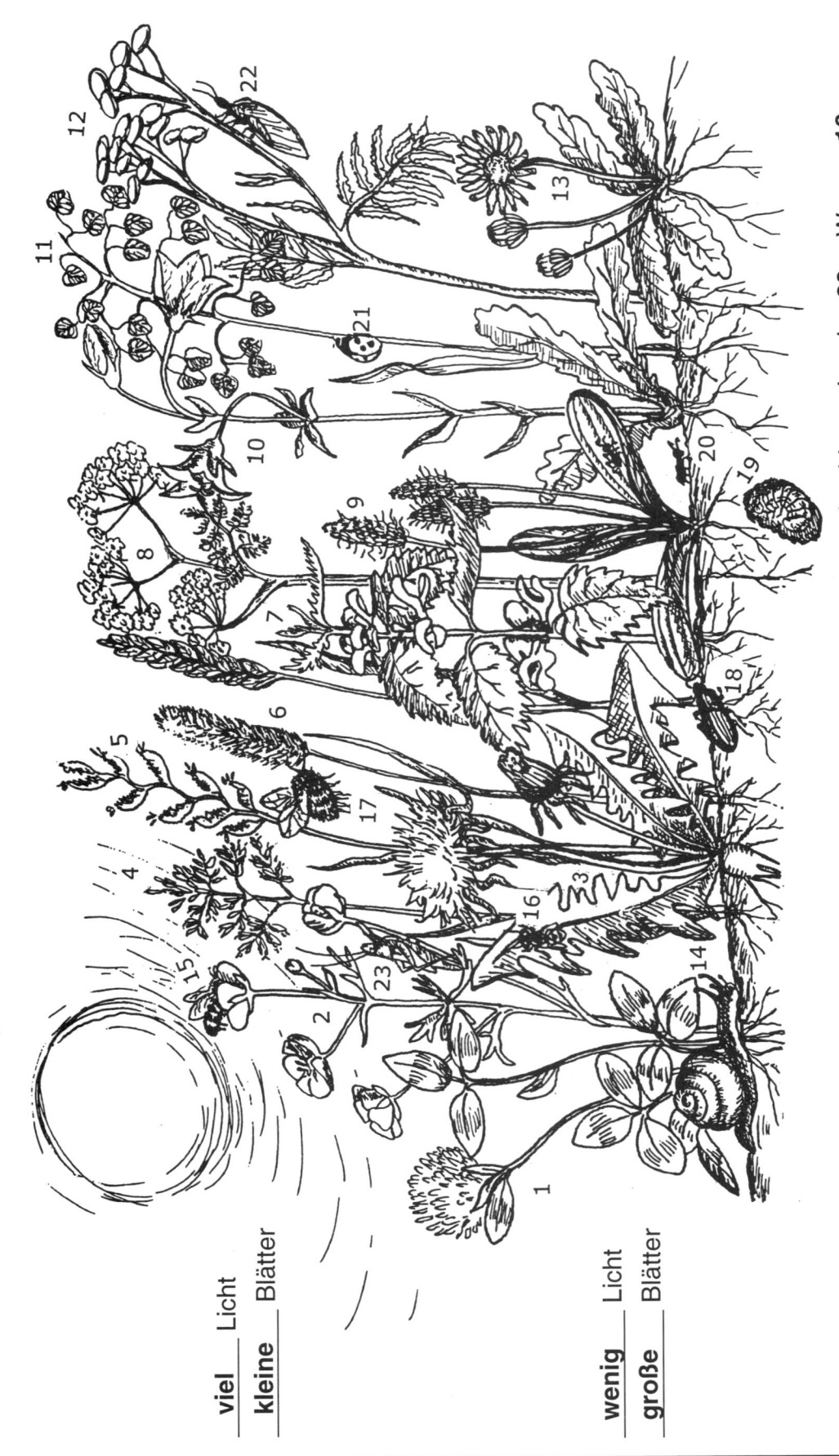

- Engerling **19**
- Marienkäfer **21**
- Florfliege **22**
- Hummel **17**
- Biene **15**
- Laubheuschrecke **23**
- Wespe **16**
- Goldlaufkäfer **18**
- Ameise **20**
- Schnecke **14**
- Gänseblümchen **13**
- Löwenzahn **3**
- Rotklee **1**
- Hahnenfuß **2**
- Rainfarn **12**
- Wiesenglockenblume **10**
- Wiesenlieschgras **6**
- Raygras **5**
- Großer Wegerich **9**
- Taubnessel **7**
- Honiggras **4**
- Zittergras **11**
- Wiesenkerbel **8**

© pb-Verlag Puchheim Biologie Botanik

Biologie

Wiesenpflanzen (1)

| 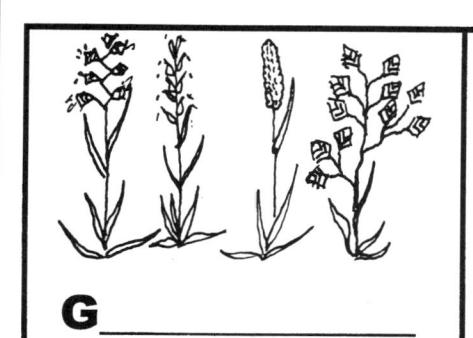 G_____ |  N_____ |  K_____ |

Nutzpflanzen

Rotklee
wichtigster Futterklee, reiche Ernte

Weißklee
anspruchslos, bitter

Wundklee
gelbe Blüten in Wattebausch gibt viel Heu

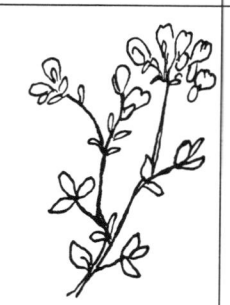

Hornklee
auf sumpfigem Boden, gibt wenig Heu

Steinklee
auch auf schlechtem Boden, schafft Humus

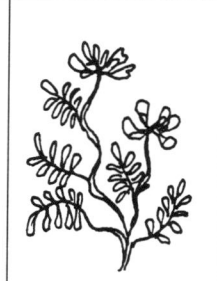

Hufeisenklee

Hopfenklee
spiralig eingekrümmte Hülsen

Luzerne
tiefe Wurzeln, eiweißreich

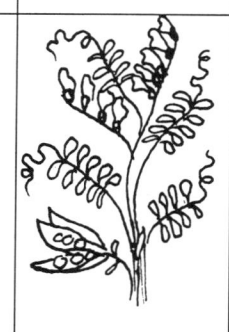

Zaunwicke

Kräuter

Arnika
gelbe Blüte, Wundheilmittel

Schöllkraut
Mohngewächs

Salbei
schweißhemmende Mittel

Fünffingerkraut

Thymian
Heilmittel

Herbstzeitlose
Liliengewächs, Giftstoffe

Gundelrebe

Löwenzahn

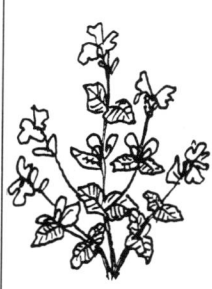

Augentrost
parasitär

© pb-Verlag Puchheim Biologie Botanik

Biologie

Wiesenpflanzen (2)

Gräser

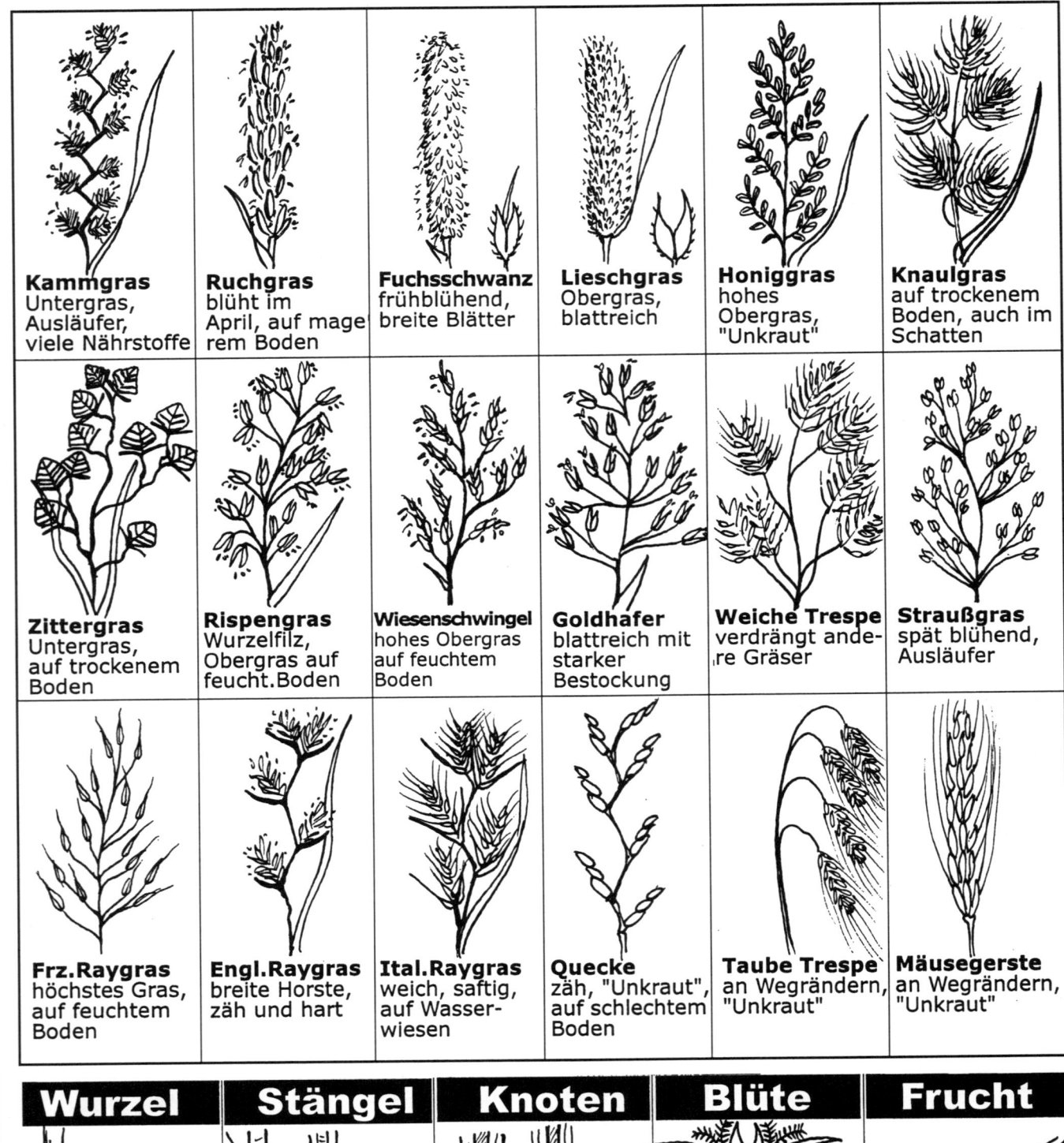

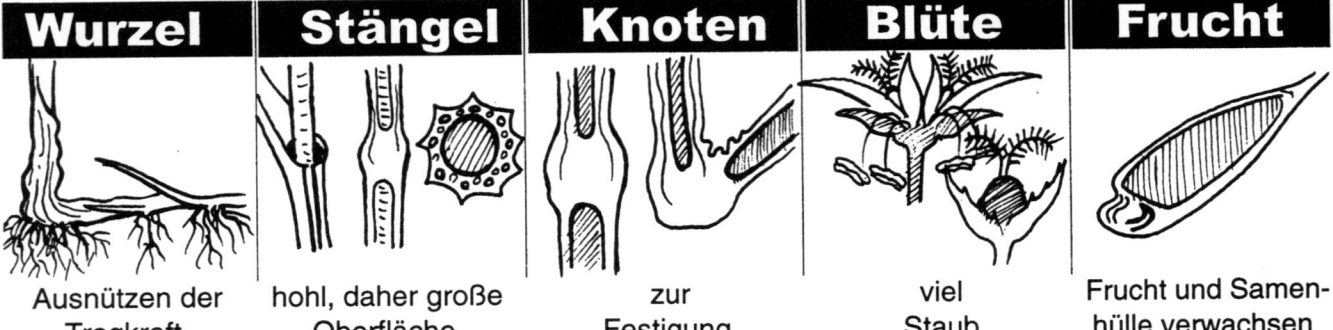

Kammgras Untergras, Ausläufer, viele Nährstoffe	**Ruchgras** blüht im April, auf magerem Boden	**Fuchsschwanz** frühblühend, breite Blätter	**Lieschgras** Obergras, blattreich	**Honiggras** hohes Obergras, "Unkraut"	**Knaulgras** auf trockenem Boden, auch im Schatten
Zittergras Untergras, auf trockenem Boden	**Rispengras** Wurzelfilz, Obergras auf feucht. Boden	**Wiesenschwingel** hohes Obergras auf feuchtem Boden	**Goldhafer** blattreich mit starker Bestockung	**Weiche Trespe** verdrängt andere Gräser	**Straußgras** spät blühend, Ausläufer
Frz. Raygras höchstes Gras, auf feuchtem Boden	**Engl. Raygras** breite Horste, zäh und hart	**Ital. Raygras** weich, saftig, auf Wasserwiesen	**Quecke** zäh, "Unkraut", auf schlechtem Boden	**Taube Trespe** an Wegrändern, "Unkraut"	**Mäusegerste** an Wegrändern, "Unkraut"

Wurzel	**Stängel**	**Knoten**	**Blüte**	**Frucht**
Ausnützen der Tragkraft	hohl, daher große Oberfläche	zur Festigung	viel Staub	Frucht und Samenhülle verwachsen

© pb-Verlag Puchheim Biologie Botanik

Biologie

Wiesensalbei und Hummel

Die Wiesensalbei lässt sich nicht von jedem Insekt bestäuben: Nur die Hummel darf den Nektar holen und dabei _____ auf die Narbe streichen. Andere Insekten, die in die Blüte eindringen, entnehmen Nektar ohne Gegendienst. Bienen zum Beispiel sind zu schwach, um die schwere „Türe" zu öffnen. Sie beißen sich ein Loch in die Blütenhülle.

Junge Blüte:

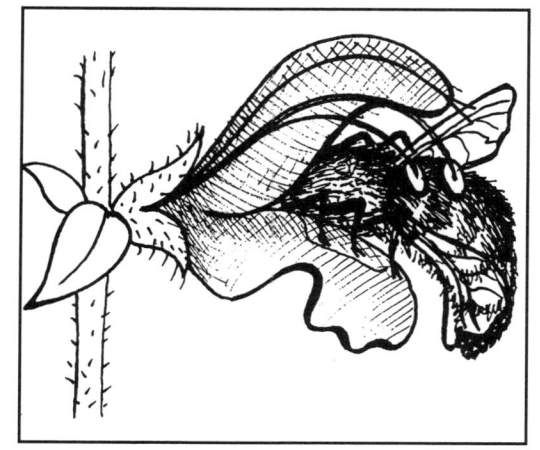

In der großen Oberlippe der Blüte hängen voll beladen mit Blütenstaub zwei gelbe Säcklein. Die Hummel setzt sich auf die Unterlippe; dabei „öffnet sich die Türe" und die Hummel taucht auf der Suche nach _____ in die Blüte ein. Unbemerkt hat sich die _____ aufgetan, die gelben Blütenstaubsäcklein kommen herunter an dünnen Stielen und bepinseln den _____-_____ des saugenden Insektes. Der Trick: Die „Türe" zum Nektar hat zwei lange Stiele in die Oberlippe hinauf, daran hängen die _____, und wenn die Türe nach hinten aufgeht, bewegen sich die Staubbeutel nach unten.

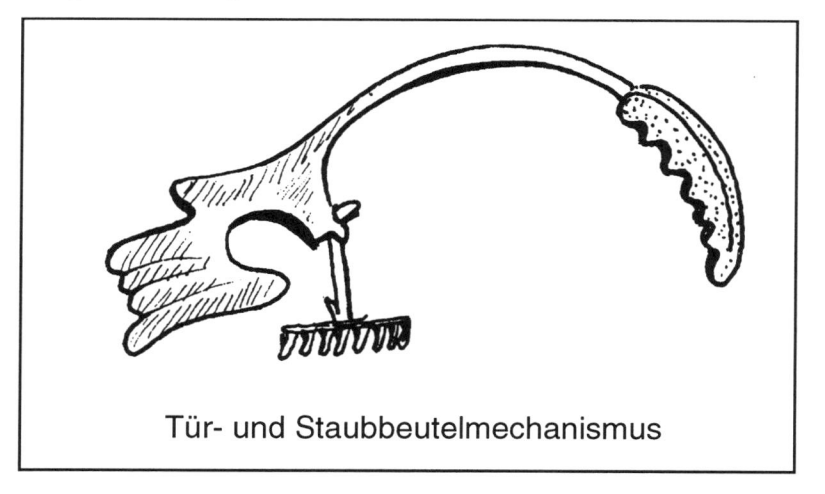

Tür- und Staubbeutelmechanismus

Alte Blüte:
Staubbeladen fliegt die Hummel zu einer älteren Blüte, die ihre grüne, gegabelte _____ aus der Oberlippe streckt. Die Hummel kriecht über die Unterlippe, sucht - vergeblich - nach Nektar und streicht dabei den Blütenstaub vom Rücken an der Narbe ab - die Blüte ist _____.

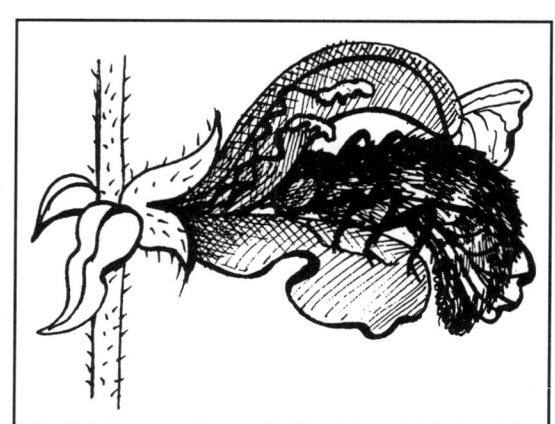

© pb-Verlag Puchheim Biologie Botanik

Biologie

Wiesensalbei und Hummel

Die Wiesensalbei lässt sich nicht von jedem Insekt bestäuben: Nur die Hummel darf den Nektar holen und dabei __Blütenstaub__ auf die Narbe streichen. Andere Insekten, die in die Blüte eindringen, entnehmen Nektar ohne Gegendienst. Bienen zum Beispiel sind zu schwach, um die schwere „Türe" zu öffnen. Sie beißen sich ein Loch in die Blütenhülle.

Junge Blüte:

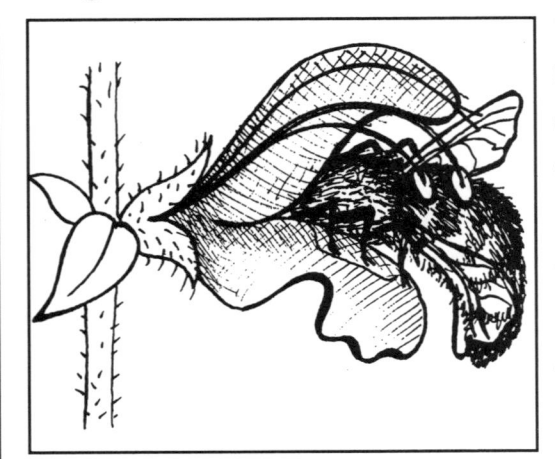

In der großen Oberlippe der Blüte hängen voll beladen mit Blütenstaub zwei gelbe Säcklein. Die Hummel setzt sich auf die Unterlippe; dabei „öffnet sich die Türe" und die Hummel taucht auf der Suche nach __Nektar__ in die Blüte ein. Unbemerkt hat sich die __Oberlippe__ aufgetan, die gelben Blütenstaubsäcklein kommen herunter an dünnen Stielen und bepinseln den __Rücken__ des saugenden Insektes. Der Trick: Die „Türe" zum Nektar hat zwei lange Stiele in die Oberlippe hinauf, daran hängen die __Staubbeutel__, und wenn die Türe nach hinten aufgeht, bewegen sich die Staubbeutel nach unten.

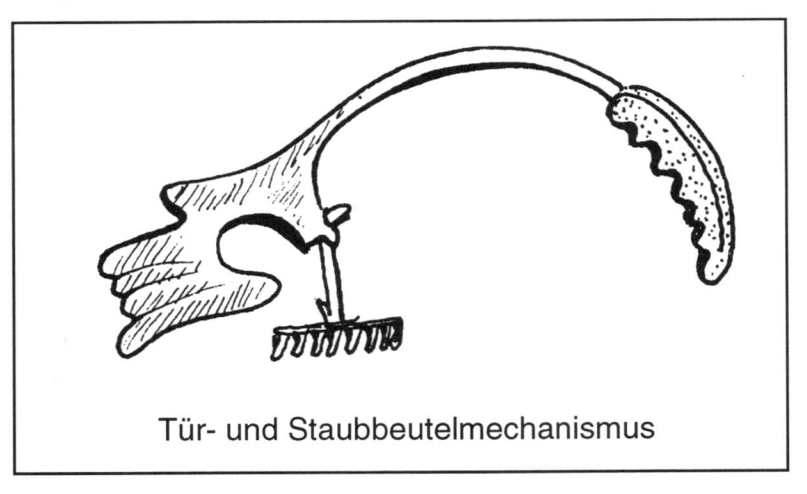

Tür- und Staubbeutelmechanismus

Alte Blüte:

Staubbeladen fliegt die Hummel zu einer älteren Blüte, die ihre grüne, gegabelte __Narbe__ aus der Oberlippe streckt. Die Hummel kriecht über die Unterlippe, sucht - vergeblich - nach Nektar und streicht dabei den Blütenstaub vom Rücken an der Narbe ab - die Blüte ist __bestäubt__.

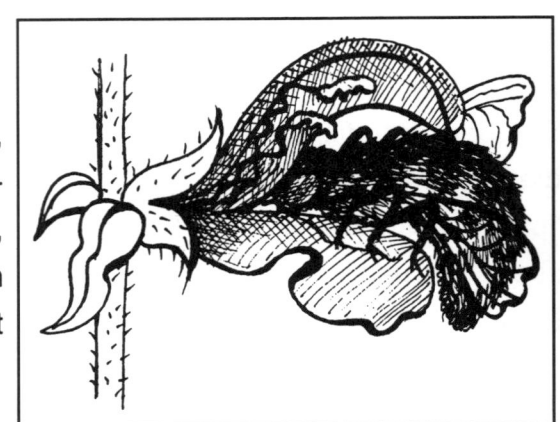

© pb-Verlag Puchheim Biologie Botanik

Biologie

Der Löwenzahn - ein Überlebenskünstler

Der Löwenzahn ist überall anzutreffen: auf der Bergmatte hoch oben, unten in der Talwiese, auf dem harten Ackerweg, hundertmal überfahren, im Gartenbeet, im gehüteten Gartenrasen, auf dem Dach, am Straßenrand ...
Überall kann er sich durch seine Einrichtungen _____.

Die Blüte mit _____ lockt alle _____ an. Zu insektenarmen Zeiten greift die Löwenzahnblüte zur _____-_____.

● Eine grundständige _____ hält den Boden _____ und verhindert das _____ unerwünschter Nachbarn.

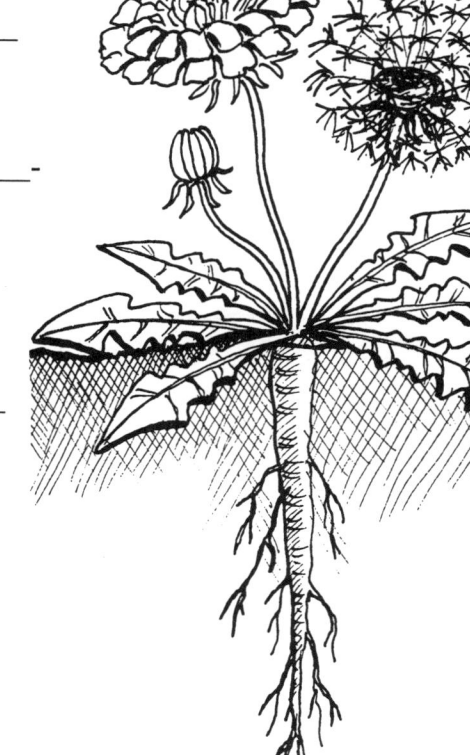

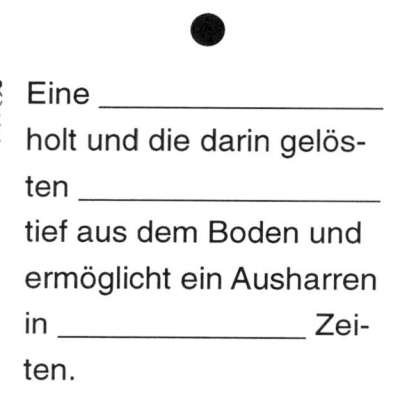

Der _____ wird getragen von einem _____ und vom _____ weit über die Wiese verweht.

● Eine _____ holt und die darin gelösten _____ tief aus dem Boden und ermöglicht ein Ausharren in _____ Zeiten.

Auf magerem Boden liegt die Blattrosette _____ auf und beschattet dadurch.

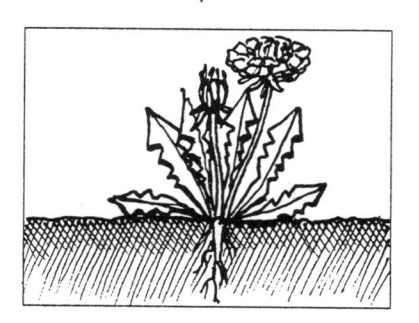

Auf feuchtem Boden stehen die Blätter _____ aufwärts und lassen Licht durch.

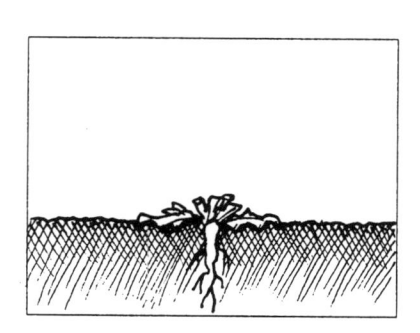

Der Schnitt schadet dem Löwenzahn nicht - die nährstoffreiche _____-_____ treibt sofort wieder Blätter.

Biologie

Der Löwenzahn - ein Überlebenskünstler

Der Löwenzahn ist überall anzutreffen: auf der Bergmatte hoch oben, unten in der Talwiese, auf dem harten Ackerweg, hundertmal überfahren, im Gartenbeet, im gehüteten Gartenrasen, auf dem Dach, am Straßenrand ...
Überall kann er sich durch seine Einrichtungen __anpassen__.

Die Blüte mit __Signalfarbe__ lockt alle __Insekten__ an. Zu insektenarmen Zeiten greift die Löwenzahnblüte zur __Selbst__-__bestäubung__.

• Eine grundständige __Blattrosette__ hält den Boden __feucht__ und verhindert das __Keimen__ unerwünschter Nachbarn.

Der __Same__ wird getragen von einem __Fallschirm__ und vom __Wind__ weit über die Wiese verweht.

• Eine __Pfahlwurzel__ holt und die darin gelösten __Nährsalze__ tief aus dem Boden und ermöglicht ein Ausharren in __trockenen__ Zeiten.

Auf magerem Boden liegt die Blattrosette __flach__ auf und beschattet dadurch.

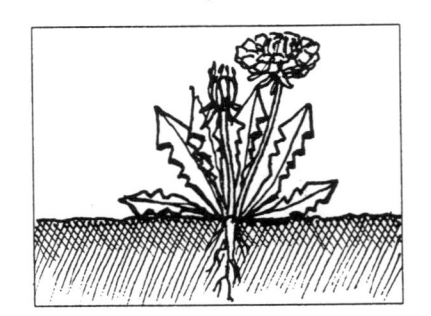

Auf feuchtem Boden stehen die Blätter __steil__ aufwärts und lassen Licht durch.

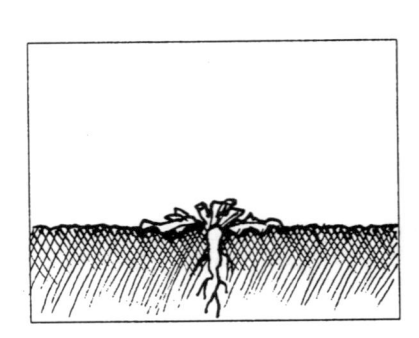

Der Schnitt schadet dem Löwenzahn nicht - die nährstoffreiche __Wur__-__zel__ treibt sofort wieder Blätter.

© pb-Verlag Puchheim Biologie Botanik

Biologie

Die Vermehrung des Löwenzahns

❶ Verbreitung der Samen:

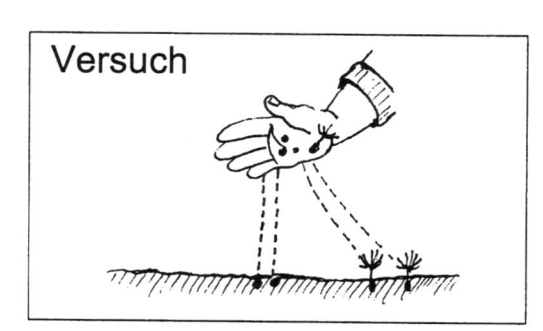

Versuch

Ergebnis: ① _____ erleichtert das _____ .

② _____ verankern die _____ .

❷ Ein Gärtner berichtet:

Ich hatte alle Löwenzahnpflanzen auf meinem Rasen abgemäht, <u>*bevor*</u> sie Samen abwerfen konnten. Und trotzdem wuchsen neue Löwenzahnpflanzen - an den selben Stellen!

Wir überprüfen weitere _____ :

Ergebnis:

_____

_____

© pb-Verlag Puchheim Biologie Botanik

Biologie

Die Vermehrung des Löwenzahns

❶ Verbreitung der Samen:

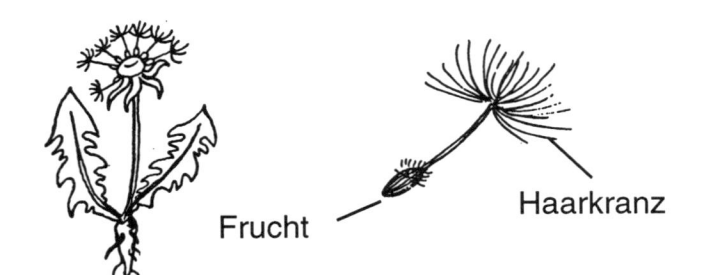

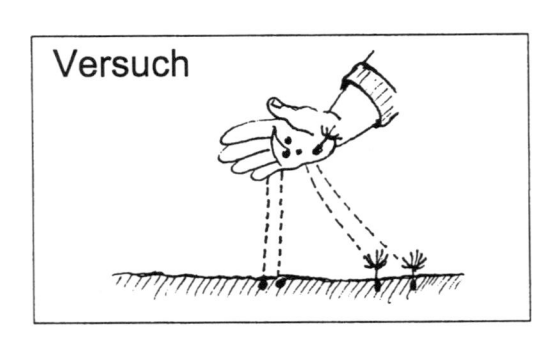

Frucht — Haarkranz

Versuch

Ergebnis: ① __Haarkranz__ erleichert das __Fliegen__.

② __Widerhaken__ verankern die __Frucht__.

❷ Ein Gärtner berichtet:

Ich hatte alle Löwenzahnpflanzen auf meinem Rasen abgemäht, <u>*bevor*</u> sie Samen abwerfen konnten. Und trotzdem wuchsen neue Löwenzahnpflanzen - an den selben Stellen!

Wir überprüfen weitere __Vermehrungsmöglichkeiten__:

	Samen keimen und wachsen
	Stängelstücke: Kein Wachstum
	Wurzelstücke treiben aus und bilden neue Blätter
	Blattstücke: Kein Wachstum (eventuell Wurzelbildung möglich)

Ergebnis:

Löwenzahn vermehrt sich nur durch Samen und aus der Pfahlwurzel. Andere Vermehrungsmöglichkeiten gibt es nicht.

Biologie

Gräser nutzen den Wind zur Bestäubung

Die Blüten brauchen keine Insektenlockfarbe, sie sind hart, kantig, mit Widerhaken besetzt. Man nennt sie _____. Wenn es warm ist, werden sie auseinander gespreizt und die langen _____ fallen seitlich heraus.

Die federartigen _____ fangen den Staub und der Keimschlauch des _____ kann seinen Weg zur Eizelle gehen.

Gefährdet wird diese Art der Bestäubung durch _____, _____ oder _____.

Ungeschlechtliche Vermehrung von Wiesenpflanzen

Wenn die Bestäubung durch Insekten und Wind nicht gelingt, ist die Pflanze gezwungen, sich auf andere Art zu vermehren.

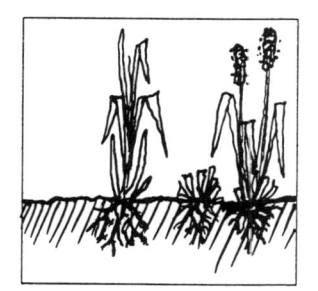

Triebe aus demselben _____

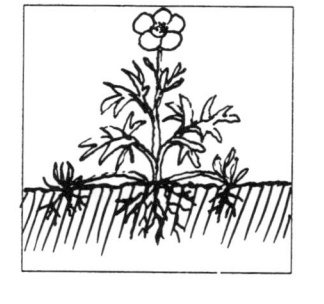

_____ nach allen Seiten

_____ mit Nährstoffen für frühes Wachstum und Brutknospen

unterirdische _____ mit Nährstoff_____

unterirdische _____

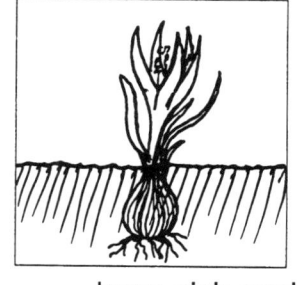

_____, kann sich auch durch Abzweigung vermehren

Biologie

Gräser nutzen den Wind zur Bestäubung

Die Blüten brauchen keine Insekten-Lockfarbe, sie sind hart, kantig, mit Widerhaken besetzt. Man nennt sie __Spelzen__. Wenn es warm ist, werden sie auseinander gespreizt und die langen __Staubblätter__ fallen seitlich heraus.

Die federartigen __Narben__ fangen den Staub und der Keimschlauch des __Pollenkorns__ kann seinen Weg zur Eizelle gehen.

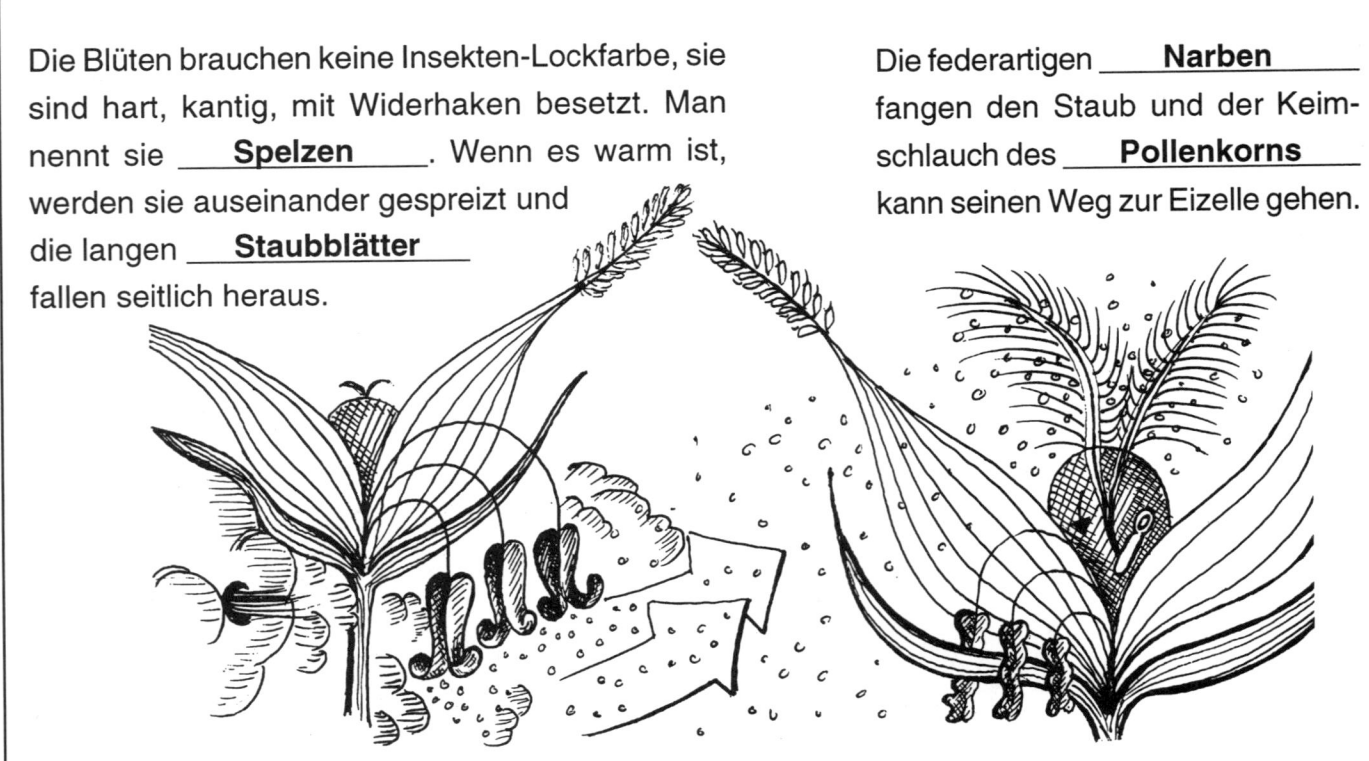

Gefährdet wird diese Art der Bestäubung durch __Regen__, __Krankheiten__ oder __Windstille__.

Ungeschlechtliche Vermehrung von Wiesenpflanzen

Wenn die Bestäubung durch Insekten und Wind nicht gelingt, ist die Pflanze gezwungen, sich auf andere Art zu vermehren.

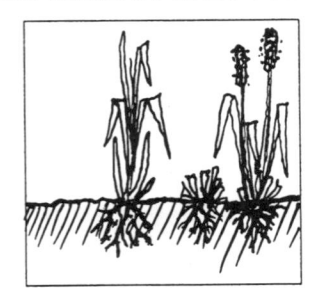

Triebe aus demselben __Wurzelstock__

__Ausläufer__ nach allen Seiten

__Wurzelknollen__ mit Nährstoffen für frühes Wachstum und Brutknospen

unterirdische __Stängel__ mit Nährstoff__speicher__

unterirdische __Stängel__

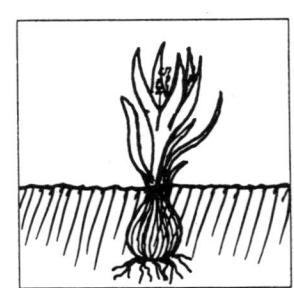

__Zwiebel__, kann sich auch durch Abzweigung vermehren

Biologie

Lebensgemeinschaft Wiese

Die Lebewesen auf der Wiese sind voneinander abhängig.
Ein Beispiel:

Wie in anderen Lebensräumen herrscht auch auf der Wiese ein ständiges

Eine mögliche Nahrungskette:

Wir überlegen: Manchmal fehlt ein Glied in der Kette. Wie ist das möglich? Was geschieht in so einem Fall?

Biologie

Lebensgemeinschaft Wiese

Die Lebewesen auf der Wiese sind voneinander abhängig.
Ein Beispiel:

Miteinander

wird bestäubt → braucht Blütenstaub

Wie in anderen Lebensräumen herrscht auch auf der Wiese ein ständiges

Fressen und Gefressen werden

Gegeneinander

Eine mögliche Nahrungskette:

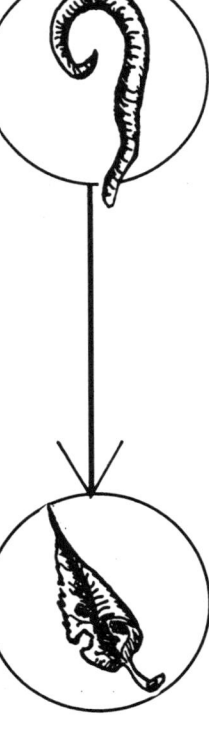

Pflanze → Wurm → Vogel → Greifvogel

Wir überlegen: Manchmal fehlt ein Glied in der Kette. Wie ist das möglich? Was geschieht in so einem Fall? Wandern z. B. Vögel aus einem Gebiet ab (Nahrungsmangel, klimatische Veränderungen), nehmen dort Insekten, Würmer usw. überhand. Auch Greifvögel sterben oder wandern aus, die Regulierung der Populationsdichte ist gestört.

Biologie

Lebensgemeinschaft Hecke

Lernziele und Inhalte

Jahreszeitliche Veränderungen; Tiere der Hecke unterscheiden und benennen; Spuren finden; die Lebensweise eines Tieres beobachten; einfache Nahrungsbeziehungen; Pflanzen der Hecke nach Blüte, Größe, Blatt und Frucht unterscheiden und benennen; Entwicklung von der Blüte zur Frucht beschreiben; ungenießbare oder giftige Früchte kennen und um die Gefahren wissen

Typische Heckenpflanzen und Heckentiere

1 Pfauenauge	4 Brennnessel	7 Brombeere	10 Zottelwicke	13 Zauneidechse	16 Wegwarte
2 Haselnuss	5 Feldheuschrecke	8 Haselmaus	11 Efeu	14 Heckenrose	17 Igel
3 Hainbuche	6 Wespennest	9 Rotkehlchen	12 Holunder	15 Steinkauz	18 Schlehe

© pb-Verlag Puchheim Biologie Botanik

Betrachten-Beobachten-Untersuchen	Name:	Klasse:

Projekt

Wir erforschen die Lebensgemeinschaft *Hecke*

Material

- Hecke(n) in Schulnähe, abgegrenzte Bereiche
- Bestimmungsbücher
- Lichtmessgerät (siehe Anhang)
- Windmessgerät (siehe Anhang)
- Fotoapparat
- Meterstab, Maßband

Wir arbeiten in bis zu 10 Gruppen!

Gruppe 1 *(Statistiker I)*
Zähle in deinem Bereich die einzelnen Pflanzen und notiere:
1: sehr wenige 2: wenige 3: häufig 4: sehr häufig 5: wuchert
Bestimme die Geselligkeit der einzelnen Pflanzen:
1: alleine 2: in Trupps 3: kleine Flächen 4: Teppiche 5: große Flächen

Gruppe 2 *(Statistiker II)*
Stecke eine kleine Fläche ab, zähle die darin enthaltenen Pflanzenarten und berechne die Prozentsätze (Artmächtigkeit).

Gruppe 3 *(Planzeichner)*
Fertige eine maßstabsgetreue Lageskizze der Hecke. Gib die Himmelsrichtungen an und trage Bäume, markante Sträucher und einzeln vorkommende Kräuter ein.

Gruppe 4 *(Bodenuntersucher)*
Miss die Bodentemperatur zu verschiedenen Tages- und Jahreszeiten. Entnimm Bodenproben. Bestimme die Zusammensetzung (Sand, Humus, Kies....) und teste die Wasserdurchlässigkeit.

Gruppe 5 *(Fotografen, Lichtmesser)*
Halte die Pflanzen und Tiere im Bild fest. Miss die Lichtverhältnisse vor und in der Hecke (Lichtmesser oder Belichtungsmesser).

Gruppe 6 *(Meteorologen)*
Miss zu verschiedenen Tages- und Jahreszeiten die Windgeschwindigkeiten vor, hinter und in der Hecke.

Gruppe 7 *(Tierforscher)*
Beobachte und bestimme Tag und Nacht **Tiere**,
* die Samen verbreiten,
* die an der Bestäubung beteiligt sind,
* die Pflanzen fressen.

Gruppe 8 *(Botaniker I)*
Miss die Wuchshöhen einzelner Pflanzen und trage die Daten in eine Querschnittsskizze der Hecke ein.

Gruppe 9 *(Botaniker II)*
Untersuche die Klettervorrichtungen von Pflanzen, die sich an anderen emporwinden (Hopfen, Efeu, Klebkraut, Zaunwinde....). Beschreibe und skizziere!

Gruppe 10 *(Physiker)*
Baue ein Windmessgerät, nach Anleitung oder nach eigenen Einfällen. Entwickle das Gerät so, dass man Werte ablesen kann!

(nach: Grosse, E.: *Biologie selbst erlebt*, s. Anhang)

Biologie

Lebensraum Hecke

An der Hecke erkennt man besonders deutlich den Kampf der Pflanzen ums _____, da sich durch den dichten Bewuchs recht unterschiedliche Lichtverhältnisse ergeben. Beinahe alle Pflanzen der Hecke zeichnen sich durch besonderes _____ wachstum aus.

❶ Klimatische Bedeutung

Wind:
Wind_____
gebremst, dadurch weniger
Boden_____

Wasser:
_____

Boden:
Speichert _____, Heckenboden etwa ____ Grad _____ als außerhalb der Hecke

❷ Wohnraum

Hecken bieten Wohnraum für viele Kleintiere, Vögel und Insekten. In einer dicht bewachsenen Hecke können über eintausend Tierarten leben.

① Die Hecke bietet _____ und _____.

Die Hecke hat viele Besucher, die nur zum Fressen kommen, z. B. diese Vögel. Sie verbreiten die Samen dadurch auch außerhalb der Hecke. Und viele Tiere suchen bei Störungen Zuflucht bei der Hecke und schützen sich dort vor _____ oder verstecken sich vor _____.

② Die Hecke bietet Platz zum _____.

1 _____   3 _____
2 _____   4 _____

Biologie

Lebensraum Hecke

An der Hecke erkennt man besonders deutlich den Kampf der Pflanzen ums **Licht**, da sich durch den dichten Bewuchs recht unterschiedliche Lichtverhältnisse ergeben. Beinahe alle Pflanzen der Hecke zeichnen sich durch besonderes **Längen**wachstum aus.

❶ Klimatische Bedeutung

Wind:
Wind**geschwindigkeit** gebremst, dadurch weniger Boden**erosion**

Wasser:
Feuchtigkeit

Boden:
Speichert **Wärme**, Heckenboden etwa **2** Grad **wärmer** als außerhalb der Hecke

❷ Wohnraum

Hecken bieten Wohnraum für viele Kleintiere, Vögel und Insekten. In einer dicht bewachsenen Hecke können über eintausend Tierarten leben.

① Die Hecke bietet **Nahrung** und **Schutz**.

Die Hecke hat viele Besucher, die nur zum Fressen kommen, z. B. diese Vögel. Sie verbreiten die Samen dadurch auch außerhalb der Hecke. Und viele Tiere suchen bei Störungen Zuflucht bei der Hecke und schützen sich dort vor **Unwetter** oder verstecken sich vor **Feinden**.

② Die Hecke bietet Platz zum **Brüten**.

1 **Elster**   3 **Goldammer**
2 **Neuntöter**   4 **Fitis-Laubsänger**

© pb-Verlag Puchheim Biologie Botanik

Biologie

Naturhecke und Zierhecke

Beschreibe Gemeinsamkeiten und Unterschiede.

Biologie

Alles rund um die Hecke

Heckengehölze
(Längenwachstum)

Stachelbeere, bis 1,5 m	Faulbaum, 2-5 m
Berberitze, 1-2 m	Kornelkirsche, 2-6 m
Johannisbeere, 1-2 m	Hasel, 2-6 m
Heckenkirsche, 1-2 m	Weichsel, 2-6 m
Himbeere, 1-2 m	Mandelweide, 2-6 m
Felsenbirne, ca. 2 m	Holunder, 2-7 m
Kreuzdorn, ca. 2 m	Weißdorn, 2-7 m
Wollig. Schneeball, 2-3 m	Salweide, 2-8 m
Wasserschneeball, 2-3 m	Eberesche, 5-10 m
Sanddorn, 1-4 m	Feldahorn, 5-15 m
Hartriegel, 1-5 m	Traubenkirsche, 3-15 m
Purpurweide, ca. 3 m	Bruchweide, 5-15 m
Hundsrose, ca. 3 m	Silberweide, 15-20 m
Brombeere, ca. 3 m	Birke, ca. 20 m
Schlehe, ca. 3 m	Hainbuche, ca. 20 m
Liguster, 2-5 m	Erle, ca. 20 m
Korbweide, 2-5 m	Wildkirsche, ca. 20 m
Pfaffenhütchen, 2-5 m	Zitterpappel, ca. 20 m

Heckenkräuter
(Blütenfarbe)

Wilde Möhre, weiß	Buschwindröschen, weiß
Pastinak, gelb	Rote Lichtnelke, rot
Hohe Schlüsselblume, gelb	Kuckuckslichtnelke, rosa
Wiesenlabkraut, weiß	Wiesenschaumkraut, rosa
Echtes Labkraut, gelb	Odermennig, gelb
Gefl. Lungenkraut, rot-blau	Bunte Kronwicke, rosa
Gefl. Taubnessel, rosa	Vogelwicke, violett
Wiesensalbei, blau	Wiesenplatterbse, gelb
Waldziest, bräunlich	Wundklee, gelb
Knotige Braunwurz, braun	Hornklee, gelb
Leinkraut, gelb	Wiesenstorchschnabel, violett
Wiesenknautie, violett	Blutstorchschnabel, rot
Taubenskabiose, lila	Zypressenwolfsmilch, grün
Glockenblumen, blau-lila	Kreuzblume, blau
Margerite, weiß/gelb	Malven, rosa
Rainfarn, gelb	Johanniskraut, gelb
Wiesenflockenblume, lila	Weidenröschen, rosa
Wiesenbocksbart, gelb	Wiesenkerbel, weiß

Brutvögel der Hecke
(Nest)

Bodenbrüter: Rebhuhn, Fasan; **Nest in Bodenhöhlungen:** Rotkehlchen; **Nest dicht überm Boden:** Feldschwirl; **Nest niedrig im Gebüsch:** Gartengrasmücke, Mönchsgrasmücke, Dorngrasmücke; **Nest in Dornsträuchern:** Neuntöter; **Nest im dichten Geäst:** Gelbspötter; **Nest im Gras:** Zilpzalp, Goldammer, Fitis-Laubsänger; **Nest im Efeu:** Grünling; **Nest in Büschen:** Hänfling; **Nest in höheren Sträuchern:** Turteltaube, Girlitz; **Nest im höheren Geäst:** Amsel, Elster

Heckentiere
(ungeordnet)

Feldheuschrecke, Ohrwurm, Wanzen, Zikaden, Blattfloh, Blattlaus, Schildlaus, Laufkäfer, Kurzflügelkäfer, Blatthornkäfer, Schnell-, Weich-, Wollkäfer, Bockkäfer, Blattkäfer, Rüsselkäfer, Florfliege, Köcherfliege, Kleinschmetterlinge, Spanner, Eule, Spinner, Tagfalter (Tagpfauenauge, Kleiner Fuchs, Kuhauge), Mücken (Kohlschnaken, Falten-, Stech-, Gallmücken), Fliegen, Schwebfliegen, Frucht-, Glanz-, Minierfliegen, Blumenfliegen, Raupenfliegen, Blatt- und Halmwespen, Gallwespen, Schlupfwespen, Wespen, Bienen, Ameisen, Hundertfüßler, Doppelfüßler, Asseln, Pseudoskorpione, Weberknechte, Spinnen (Krabben-, Kugel-, Baldachin-, Kreuz-, Röhrenspinnen), Schnecken (Weinberg-, Schnirkel-, Bernsteinschnecken), Würmer, Amphibien (Laubfrosch, Erdkröte), Reptilien (Bergeidechse, Ringelnatter), Brutvögel, (Besucher-) Vögel (Blau-, Kohlmeise, Haus- und Feldsperling, Grünling, Star), Säugetiere (Mauswiesel, Igel, Waldmaus, Waldspitzmaus, Zwergspitzmaus, Rötelmaus, Feldmaus, Gelbhalsmaus, Kaninchen, Feldhase, Fuchs)

© pb-Verlag Puchheim Biologie Botanik

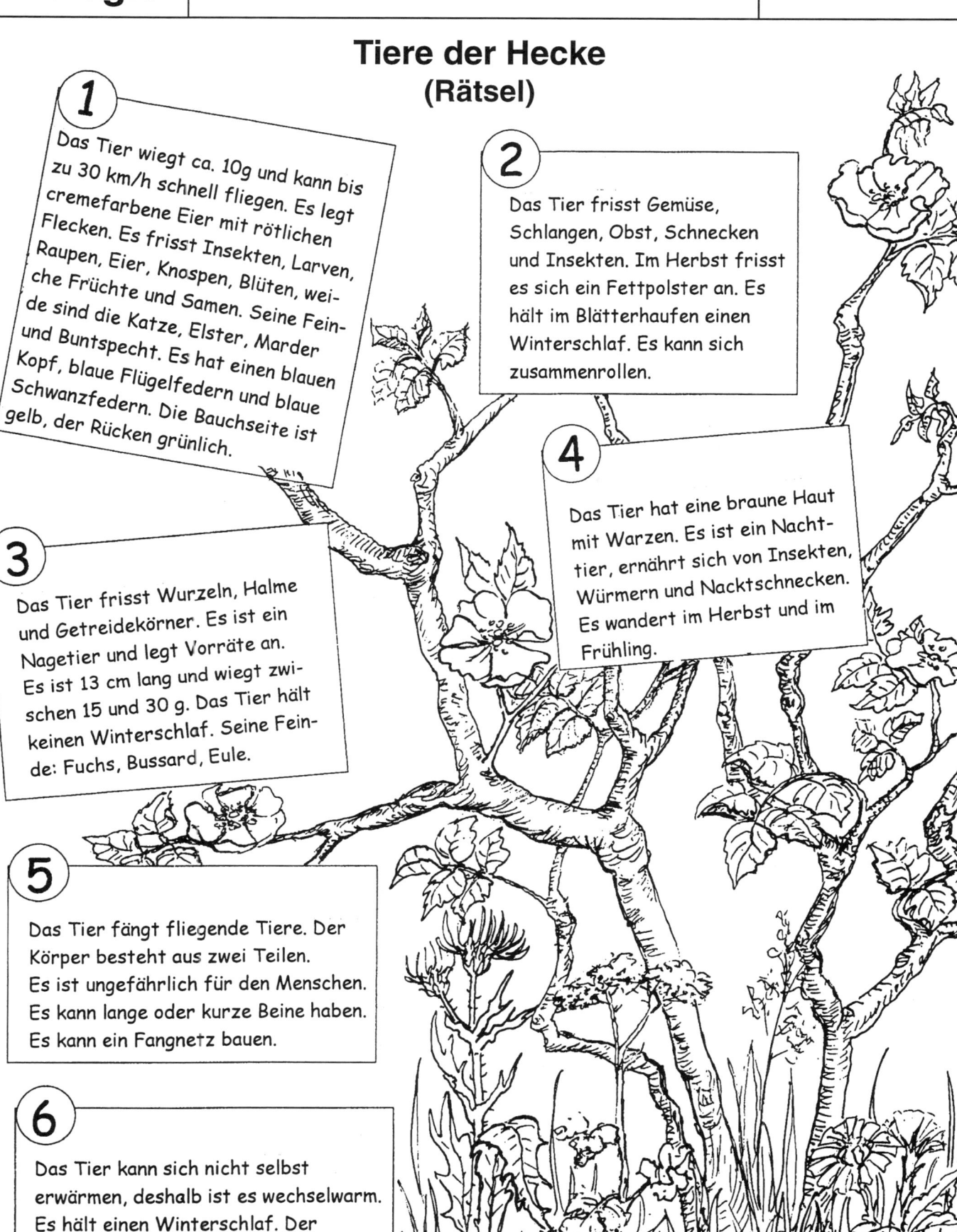

Biologie

Tiere der Hecke
(Rätsel)

1
Das Tier wiegt ca. 10g und kann bis zu 30 km/h schnell fliegen. Es legt cremefarbene Eier mit rötlichen Flecken. Es frisst Insekten, Larven, Raupen, Eier, Knospen, Blüten, weiche Früchte und Samen. Seine Feinde sind die Katze, Elster, Marder und Buntspecht. Es hat einen blauen Kopf, blaue Flügelfedern und blaue Schwanzfedern. Die Bauchseite ist gelb, der Rücken grünlich.

2
Das Tier frisst Gemüse, Schlangen, Obst, Schnecken und Insekten. Im Herbst frisst es sich ein Fettpolster an. Es hält im Blätterhaufen einen Winterschlaf. Es kann sich zusammenrollen.

3
Das Tier frisst Wurzeln, Halme und Getreidekörner. Es ist ein Nagetier und legt Vorräte an. Es ist 13 cm lang und wiegt zwischen 15 und 30 g. Das Tier hält keinen Winterschlaf. Seine Feinde: Fuchs, Bussard, Eule.

4
Das Tier hat eine braune Haut mit Warzen. Es ist ein Nachttier, ernährt sich von Insekten, Würmern und Nacktschnecken. Es wandert im Herbst und im Frühling.

5
Das Tier fängt fliegende Tiere. Der Körper besteht aus zwei Teilen. Es ist ungefährlich für den Menschen. Es kann lange oder kurze Beine haben. Es kann ein Fangnetz bauen.

6
Das Tier kann sich nicht selbst erwärmen, deshalb ist es wechselwarm. Es hält einen Winterschlaf. Der Schwanz kann leicht abbrechen, wächst aber wieder nach.

© pb-Verlag Puchheim Biologie Botanik

Biologie

Tiere der Hecke
(Rätsel)

1
2
3
4
5
6

Biologie

Lebensgemeinschaft Gewässer

Lernziele und Inhalte

- An der Verlandung wirken verschiedene Wasserpflanzen mit
- Wachstum und Licht
- Beziehungen im stehenden Gewässer (Nahrungsketten)
- Biologische Arbeitstechniken (beobachten, beschreiben, skizzieren, nachschlagen ...)

Überlegungen, Ausrüstung und Aufzeichnungen bei der Naturbeobachtung am Gewässer

1. Regeln
- Keiner entfernt sich von der Gruppe.
- Wir bleiben immer in Sicht- oder Rufweite voneinander.
- Wir vermeiden Lärm.
- Brütende Vögel stören wir nicht.
- Pflanzen zertrampeln wir nicht, Tiere verletzen wir nicht.
- Wir bleiben auf den Pfaden/Stegen.
- Das Gewässer betreten wir nur an einer Stelle.

2. Ziel
Wir stellen fest, welche Pflanzen und Tiere es in welchem Gewässer gibt.

3. Ausrüstung
Feinmaschiges Netz, Plastikschale, weicher Pinsel (Tiere in die Schale streifen), leere Marmeladegläser für Wasserproben, Lupe, Notizblock, Stift, Fernglas, Thermometer, geeignete Kleidung, Bestimmungsbuch

4. Aufzeichnung
z. B. Tabelle

• Datum	
• Gewässerart	Tümpel, Baggersee, Bach
• Farbe	grünlich, bläulich, braun
• Strömung	stark, keine
• Wasser-/Lufttemperatur	Wasser 17 Grad, Luft 15 Grad
• Sicht	trüb, klar
• Lage	im Wald, zwischen Wiesen, Feldern, im Moor
• Lichteinfall	unter Bäumen, stark beschattet, freie Lage
• Untergrund	Felsen, Geröll, Sand, Schlamm, Laub
• Bewuchs	am ganzen Grund bewachsen, nur Moos am Rand, Schilf
• Tiere	Vögel, Libellen, Wasserschnecken, Käfer
• Sonstiges	unangenehmer Geruch

© pb-Verlag Puchheim Biologie Botanik

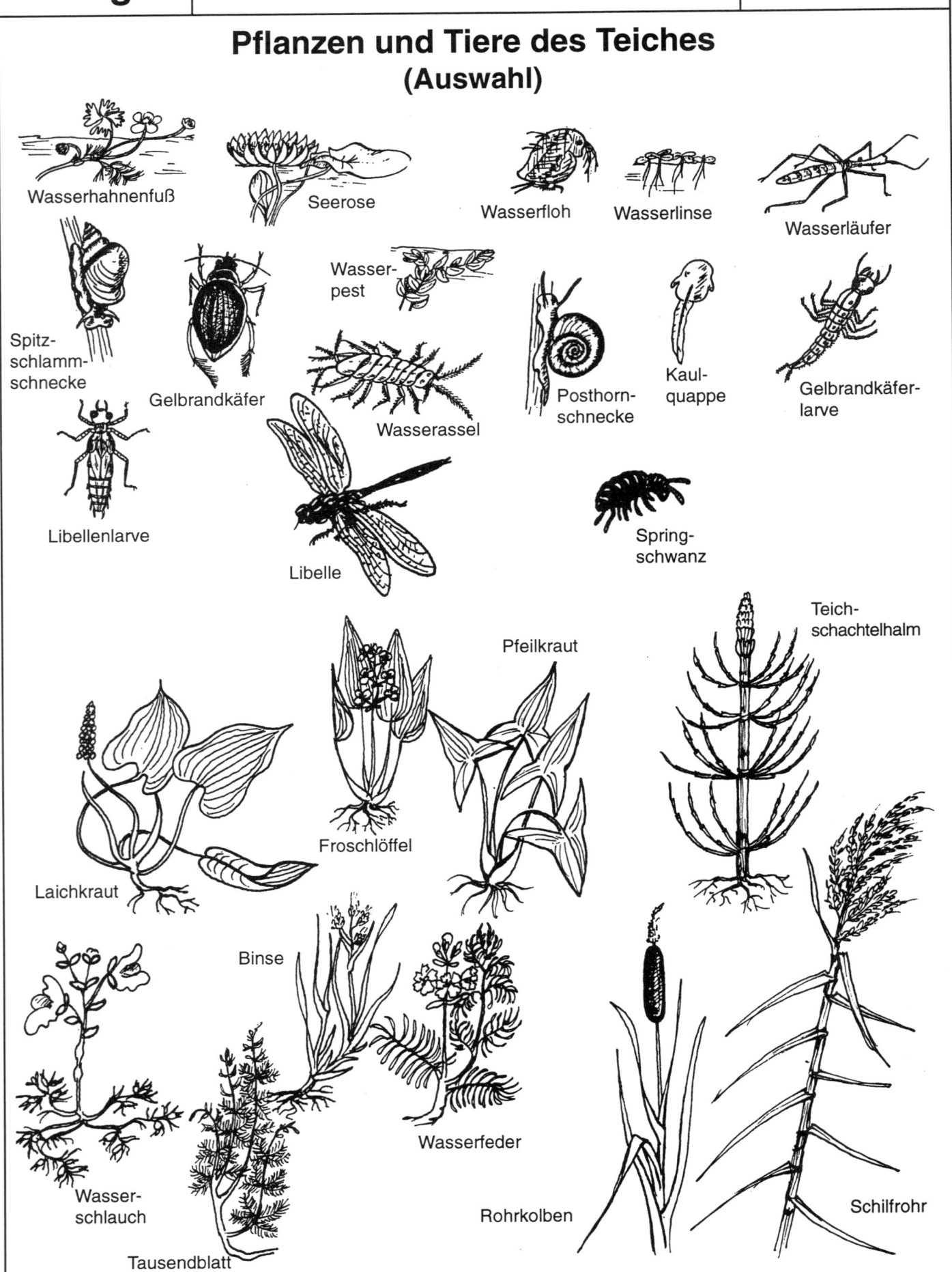

Biologie

Pflanzen und Tiere des Teiches
(Auswahl)

- Wasserhahnenfuß
- Seerose
- Wasserfloh
- Wasserlinse
- Wasserläufer
- Spitzschlammschnecke
- Gelbrandkäfer
- Wasserpest
- Posthornschnecke
- Kaulquappe
- Gelbrandkäferlarve
- Wasserassel
- Libellenlarve
- Libelle
- Springschwanz
- Teichschachtelhalm
- Laichkraut
- Froschlöffel
- Pfeilkraut
- Wasserschlauch
- Tausendblatt
- Binse
- Wasserfeder
- Rohrkolben
- Schilfrohr

© pb-Verlag Puchheim Biologie Botanik

Biologie

Die Lichtordnung im Teich

Der gesamte Raum des Teiches wird voll _____. In jedem Stockwerk bedingt die _____, die dort gerade vorhanden ist, das Leben bestimmter Bewohner. Die Lichtordnung stellt immer wieder ein _____ her.

Hier ist _____ _____ Licht. Die Wasseroberfläche _____ viel Licht und _____.
Hier sind Blüten, grüne Landblätter und _____blätter.

Hier dringt noch _____ Licht ein. Wenn genügend _____ vorhanden ist, können die Pflanzen hier auch die _____ durchführen.

Hier ist _____ Licht. Aber noch immer können Pflanzen leben bei _____ Wasser. Die _____-watten kommen mit sehr wenig Licht aus und steigen nur im _____ nach oben.

Hier ist _____ Licht.
Die _____ haben kein Licht für ihre Arbeit nötig.

Auch _____ werfen Schatten auf den Teich und beeinflussen damit Lebensvorgänge bei Pflanzen und Tieren.

© pb-Verlag Puchheim Biologie Botanik

Biologie

Die Lichtordnung im Teich

Der gesamte Raum des Teiches wird voll __ausgenützt__. In jedem Stockwerk bedingt die __Lichtmenge__, die dort gerade vorhanden ist, das Leben bestimmter Bewohner. Die Lichtordnung stellt immer wieder ein __Gleichgewicht__ her.

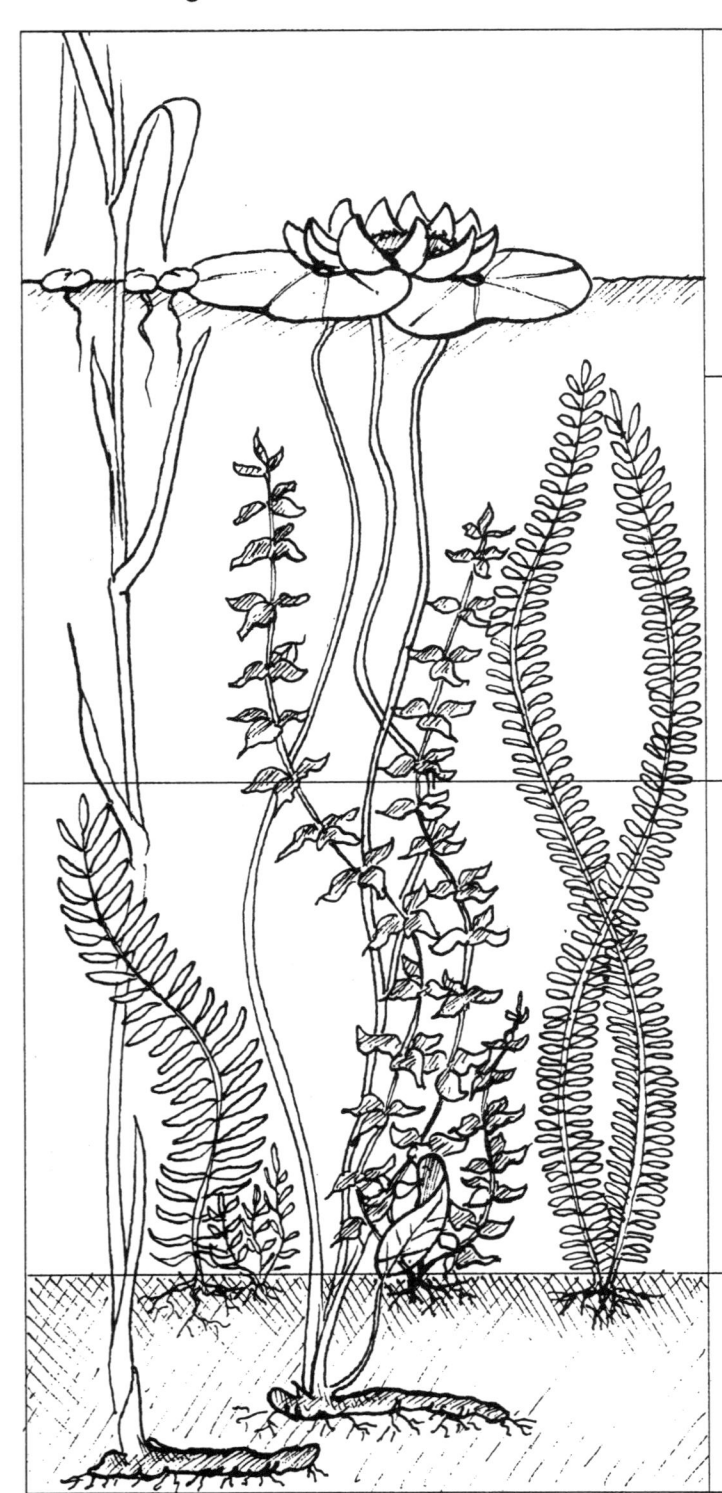

Hier ist __sehr__ __viel__ Licht. Die Wasseroberfläche __spiegelt__ viel Licht und __Wärme__.
Hier sind Blüten, grüne Landblätter und __Schwimm__blätter.

Hier dringt noch __viel__ Licht ein. Wenn genügend __Luft__ vorhanden ist, können die Pflanzen hier auch die __Fotosynthese__ durchführen.

Hier ist __wenig__ Licht. Aber noch immer können Pflanzen leben bei __klarem__ Wasser. Die __Algen__-watten kommen mit sehr wenig Licht aus und steigen nur im __Frühjahr__ nach oben.

Hier ist __kein__ Licht.
Die __Wurzeln__ haben kein Licht für ihre Arbeit nötig.

Auch __Uferbewohner__ werfen Schatten auf den Teich und beeinflussen damit Lebensvorgänge bei Pflanzen und Tieren.

Biologie

Beziehungen zwischen Lebewesen in Gewässern
Eine Nahrungskette

_____
frisst Wasserpest

Wasserpest lebt von
_____

frisst Kaulquappe

_____
zersetzen _____
Tiere in Nährsalze

In jedem Teich leben Milliarden von Bakterien. Sie gewinnen ihre Nahrung, indem sie tote Lebewesen zersetzen (vgl. Verfaulen von Fleisch, Käse ...). Bei dieser Zersetzung fallen Nährsalze an, welche den Teichpflanzen als Nahrung dienen. Pflanzen wiederum werden von Pflanzen fressenden Tieren, z. B. Kaulquappen, vertilgt. Und auch Pflanzenfresser haben im Teich Feinde: Fleisch fressende Tiere, wie z. B. die Libellenlarve. Und was geschieht mit einer toten Libellenlarve?

Weitere Nahrungsketten

Beispiele:

	⇨		⇨	
	⇨		⇨	
	⇨		⇨	
	⇨		⇨	
	⇨		⇨	

© pb-Verlag Puchheim Biologie Botanik

Biologie

Beziehungen zwischen Lebewesen in Gewässern
Eine Nahrungskette

Kaulquappe
frisst Wasserpest

Wasserpest lebt von
Nährsalzen

Libellenlarve
frisst Kaulquappe

Bakterien
zersetzen **tote**
Tiere in Nährsalze

In jedem Teich leben Milliarden von Bakterien. Sie gewinnen ihre Nahrung, indem sie tote Lebewesen zersetzen (vgl. Verfaulen von Fleisch, Käse ...). Bei dieser Zersetzung fallen Nährsalze an, welche den Teichpflanzen als Nahrung dienen. Pflanzen wiederum werden von Pflanzen fressenden Tieren, z. B. Kaulquappen, vertilgt. Und auch Pflanzenfresser haben im Teich Feinde: Fleisch fressende Tiere, wie z. B. die Libellenlarve. Und was geschieht mit einer toten Libellenlarve?

Weitere Nahrungsketten

Beispiele:

Alge ⇨ Wasserfloh ⇨ Wasserspinne

Seerose ⇨ Köcherfliegenlarve ⇨ Gelbrandkäferlarve

Alge ⇨ Süßwasserpolyp ⇨ Wasserschnecke ⇨ Egel

Bakterien ⇨ Schwämme ⇨ Hecht ⇨ Fischadler

Wasserpest ⇨ Schlammschnecke ⇨ Pferdeegel ⇨ Wasserskorpion

Biologie

Nahrungsbeziehungen im Gewässer

❶ Ergänze die Bezeichnungen für die drei Gruppen von Organismen.

_____   _____   _____   _____   _____

❷ Ergänze.

Alge und Hecht sind über eine _____ miteinander verbunden.

❸ Beschreibe die Beziehung zwischen Alge und Hecht.

_____
_____
_____

❹ Der größte Teil der aufgenommenen Nahrung wird als Energie verbraucht. Nur etwa ein Zehntel wird in den Körper eingebaut. Wie viele Kilogramm Algen sind zum Beispiel nötig, damit der Hecht 1 kg zunimmt?

_____
_____
_____

❺ Erkläre am Beispiel oben, wie Giftstoffe, die Algen aufgenommen haben, in den menschlichen Organismus gelangen.

_____
_____
_____

❻ Welche Aufgabe haben die Zersetzer? Was gibt es durch sie nicht?

_____
_____
_____

© pb-Verlag Puchheim Biologie Botanik

Biologie

Nahrungsbeziehungen im Gewässer

❶ Ergänze die Bezeichnungen für die drei Gruppen von Organismen.

| Algen | Wasserfloh | Karpfen | Hecht | Bakterien |

Pflanzen	Pflanzenfresser	Fleischfresser	Protozoen
Erzeuger	Verbraucher		Zersetzer

❷ Ergänze.
Alge und Hecht sind über eine __Nahrungskette__ miteinander verbunden.

❸ Beschreibe die Beziehung zwischen Alge und Hecht.
Algen werden vom Wasserfloh gefressen. Ein Fisch, z. B. ein Karpfen, frisst den Wasserfloh. Der Hecht frisst den Karpfen. So gelangt etwas von den Algen in den Hecht, obwohl dieser gar keine Algen gefressen hat.

❹ Der größte Teil der aufgenommenen Nahrung wird als Energie verbraucht. Nur etwa ein Zehntel wird in den Körper eingebaut. Wie viele Kilogramm Algen sind zum Beispiel nötig, damit der Hecht 1 kg zunimmt?
Du musst mit dem Faktor 10 rechnen (multiplizieren)!
1 kg Hecht · 10 = 10 kg Karpfen · 10 = 100 kg Wasserflöhe · 10 = 1000 kg Algen.

❺ Erkläre am Beispiel oben, wie Giftstoffe, die Algen aufgenommen haben, in den menschlichen Organismus gelangen.
Wenn der Hecht vom Menschen verzehrt wird, gelangen die Giftstoffe aus den Algen über die Nahrungskette in den menschlichen Organismus und können diesen schädigen.

❻ Welche Aufgabe haben die Zersetzer? Was gibt es durch sie nicht?
Zersetzer, so genannte Reduzenten, zerlegen die organischen Stoffe toter Pflanzen und Tiere in anorganische Stoffe wie Kohlenstoff, Stickstoff, Sauerstoff, Eisen u. a. Sie schließen den Kreislauf, da die anorganischen Stoffe wieder Rohstoff für die Pflanzen sind. Es entstehen keine Abfallprodukte.

© pb-Verlag Puchheim Biologie Botanik

Biologie

Verlandungszonen

Am Ufer des Teiches gibt es einen allmählichen Übergang von Land- zu Wasserpflanzen.

Zone	Uferzone	Schilfrandzone	Seerosenzone	Tauchblattzone
Welche Bedingungen finden die Pflanzen vor?				
Welche Pflanzen leben hier?				
Wie haben sie sich an den Standort angepasst?				

Biologie

Verlandungszonen

Am Ufer des Teiches gibt es einen allmählichen Übergang von Land- zu Wasserpflanzen.

Zone	Uferzone	Schilfrandzone	Seerosenzone	Tauchblattzone
Welche Bedingungen finden die Pflanzen vor?	Grundwasser ganzjährig von Wurzeln zu erreichen	Wechselnder Wasserstand, Bodenschlamm, windig	Wassertiefe schwankend	bis 6m, Bodenpflanzen immer untergetaucht
Welche Pflanzen leben hier?	Erle, Weide	Schilf, Rohrkolben, Schwertlilie, Kalmus, Binsen	a) Seerose, Teichrose b) Wasserhahnenfuß c) Krebsschere, Teichlinse	Wasserschlauch, Wasserpest, Tausendblatt, Algen, Laichkräuter
Wie haben sie sich an den Standort angepasst?	Flach wurzelnde Pflanzen mit hohem Feuchtigkeitsbedarf	Verankerung im Schlamm durch dichtes Wurzelgeflecht, lange, elastische Halme (Binsen, Reet)	a) Schwimmblätter b) Wasser- und Luftblätter c) schwimmende Pflanzen	Blätter mit großer Oberfläche nehmen Nährstoffe direkt aus dem Wasser

© pb-Verlag Puchheim Biologie Botanik

Biologie

Das Schilf - eine Dreiweltspflanze

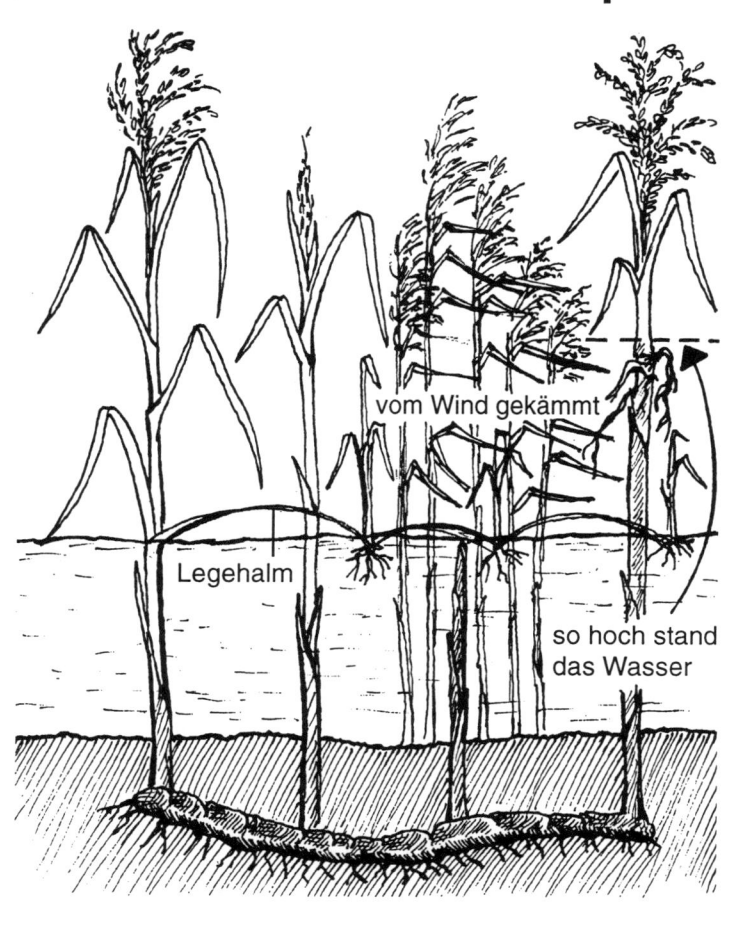

vom Wind gekämmt

Legehalm

so hoch stand das Wasser

Das Schilf wurzelt im _____ boden. Sein hohler Stängel steigt durch das _____ nach oben und die Blüte und die Blätter stehen hoch in der _____. Die Pflanze hat sich an das Leben in drei verschiedenen Umgebungen _____ und geht zugrunde, wenn sich der Zustand auf längere Zeit verändert. So werden zum Beispiel die Blätter, die bei Hochwasser unter Wasser schwimmen, bald _____ und sterben ab. Die Schilfpflanze zeigt also an, wie hoch der Wasserstand war. Schilf, das lange im Trockenen steht, verkümmert.

❶ Im Schlammboden wächst waagerecht der _____. Er ist dick und kräftig, trägt _____ wie der oberirdische Spross und zahlreiche feine _____ bei jedem Knoten. Von hier werden auch _____ ausgeschickt, die den Schlammboden nach allen Seiten durchstoßen. So entsteht ein immer größer werdender Bestand an Schilfpflanzen: Der Teich bekommt seine _____. Am Stängelstück, das im Wasser steht, entwickelt das Schilf _____ Blätter: Es ist kahl, ein richtiger Grasstängel, hohl, mit Knoten.

❷ Über dem Wasser entwickelt der Spross seine _____. Es ist ein hartes, festes Blatt mit scharfem Rand - Folge von winzigen _____ in der Blattoberhaut.

❸ Ganz oben wächst die _____ Blüte. Darin entwickeln sich nur wenige _____. Wichtiger sind daher die _____ Vermehrungsmöglichkeiten des Schilfs: _____ Stängel, Unterwasser_____ und gelegentlich auch _____.

© pb-Verlag Puchheim Biologie Botanik

Biologie

Das Schilf - eine Dreiweltspflanze

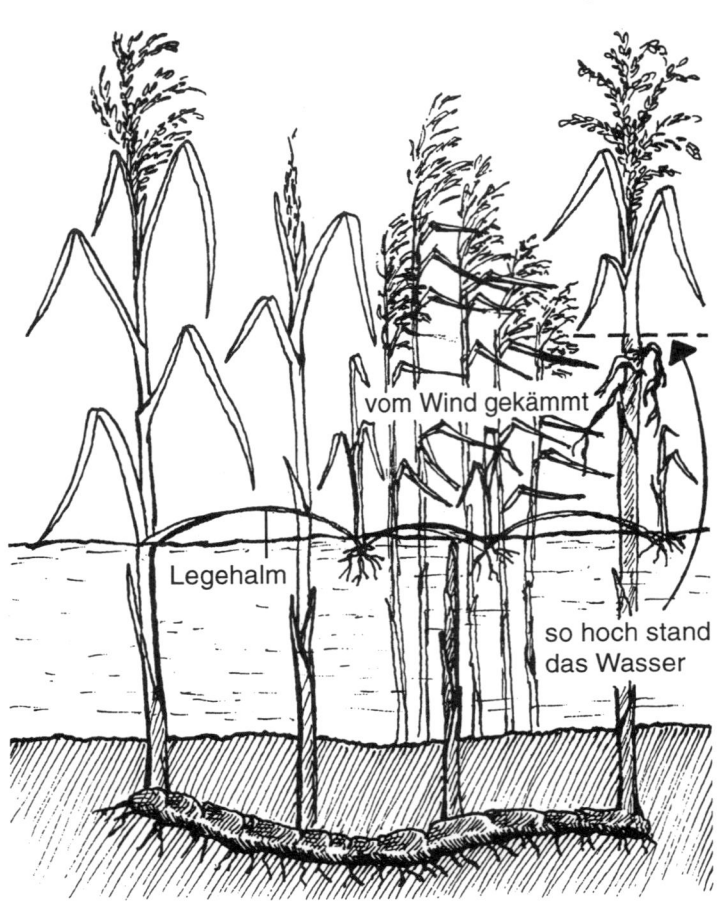

vom Wind gekämmt

Legehalm

so hoch stand das Wasser

Das Schilf wurzelt im __Schlamm__ boden. Sein hohler Stängel steigt durch das __Wasser__ nach oben und die Blüte und die Blätter stehen hoch in der __Luft__. Die Pflanze hat sich an das Leben in drei verschiedenen Umgebungen __angepasst__ und geht zugrunde, wenn sich der Zustand auf längere Zeit verändert. So werden zum Beispiel die Blätter, die bei Hochwasser unter Wasser schwimmen, bald __braun__ und sterben ab. Die Schilfpflanze zeigt also an, wie hoch der Wasserstand war. Schilf, das lange im Trockenen steht, verkümmert.

❶ Im Schlammboden wächst waagerecht der __Stängel__. Er ist dick und kräftig, trägt __Knoten__ wie der oberirdische Spross und zahlreiche feine __Wurzeln__ bei jedem Knoten. Von hier werden auch __Ausläufer__ ausgeschickt, die den Schlammboden nach allen Seiten durchstoßen. So entsteht ein immer größer werdender Bestand an Schilfpflanzen: Der Teich bekommt seine __Schilfzone__. Am Stängelstück, das im Wasser steht, entwickelt das Schilf __keine__ Blätter: Es ist kahl, ein richtiger Grasstängel, hohl, mit Knoten.

❷ Über dem Wasser entwickelt der Spross seine __Blätter__. Es ist ein hartes, festes Blatt mit scharfem Rand - Folge von winzigen __Kieselkristallen__ in der Blattoberhaut.

❸ Ganz oben wächst die __rote__ Blüte. Darin entwickeln sich nur wenige __Samen__. Wichtiger sind daher die __ungeschlechtlichen__ Vermehrungsmöglichkeiten des Schilfs: __unterirdischer__ Stängel, Unterwasser__ausläufer__ und gelegentlich auch __Legehalme__.

© pb-Verlag Puchheim Biologie Botanik

Biologie

Alles rund um das Gewässer (1)

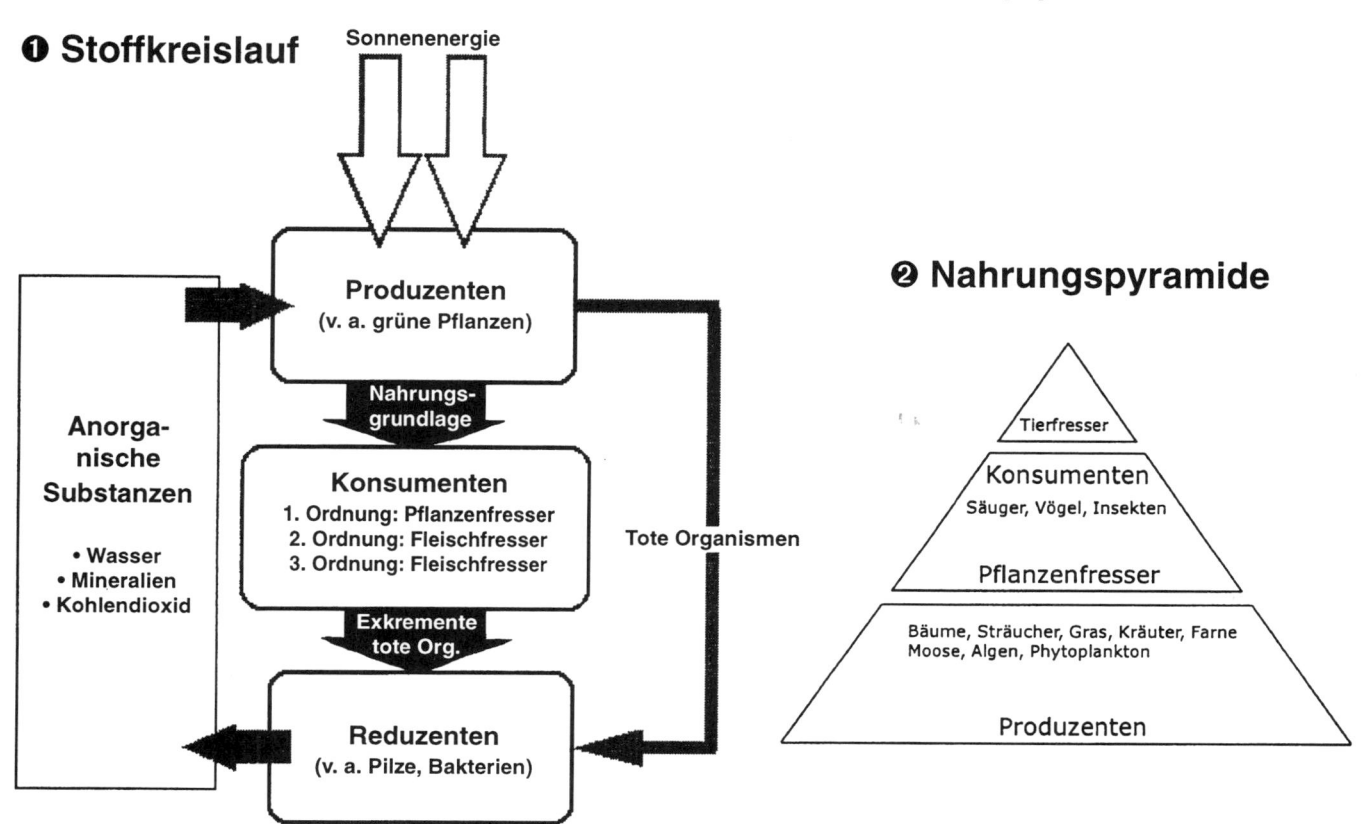

❶ Stoffkreislauf

Sonnenenergie → **Produzenten** (v. a. grüne Pflanzen)

Anorganische Substanzen
- Wasser
- Mineralien
- Kohlendioxid

Produzenten → (Nahrungsgrundlage) → **Konsumenten**
1. Ordnung: Pflanzenfresser
2. Ordnung: Fleischfresser
3. Ordnung: Fleischfresser

Konsumenten → (Exkremente, tote Org.) → **Reduzenten** (v. a. Pilze, Bakterien)

Produzenten → (Tote Organismen) → Reduzenten

Reduzenten → Anorganische Substanzen

❷ Nahrungspyramide

- Tierfresser
- **Konsumenten**: Säuger, Vögel, Insekten
- **Pflanzenfresser**
- **Produzenten**: Bäume, Sträucher, Gras, Kräuter, Farne, Moose, Algen, Phytoplankton

❸ Gliederung des Teiches

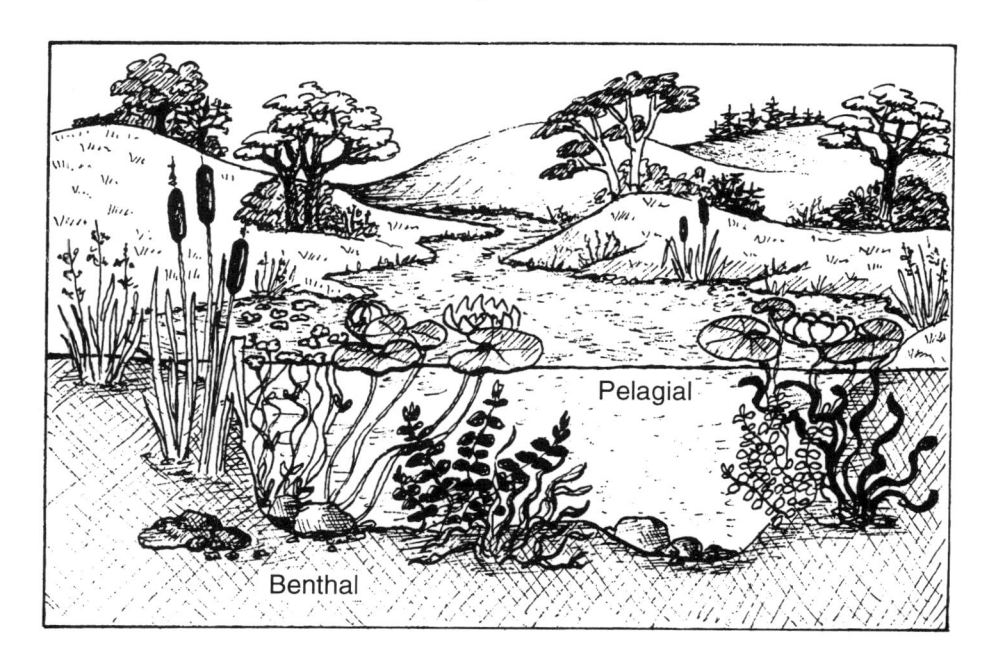

(Abbildung: Teich mit Pelagial und Benthal)

Die Abbildung oben zeigt einen Teich mit **Zufluss**, **Freiwasserbereich** (Pelagial) und **Bodenbereich** (Benthal). Den Bodenbereich kann man wiederum in die **Uferzone** (Litoral) und die **Tiefenzone** (Profundal) aufgliedern.

Biologie

Alles rund um das Gewässer (2)

❹ Was es im Naturteich alles gibt

- Bakterien und Pilze
- Wasserpflanzen wie Farne, Wasserhyazinthen, Wasserpest, Wasserlilien, Seerosen
- Rädertierchen
- Süßwasserpolypen
- Phytoplankton wie Euglena
- Zooplankton
- Würmer wie Röhrenwürmer, Plattwürmer
- Krebstiere, wie Wasserflöhe und Ruderfußkrebse
- Weichtiere wie Schnecken und Muscheln
- Insekten wie Stechmücken, Libellen, Fliegen, Wasserwanzen, Wasserläufer, Springschwänze, Wasserkäfer, deren Larven
- Spinnen, Wassermilben
- Amphibien wie Frösche und Kaulquappen
- Fische wie Forellen und Karpfen
- Reptilien wie Schildkröten und Schlangen
- Vögel wie Enten und Reiher
- Säugetiere wie Wasserratten

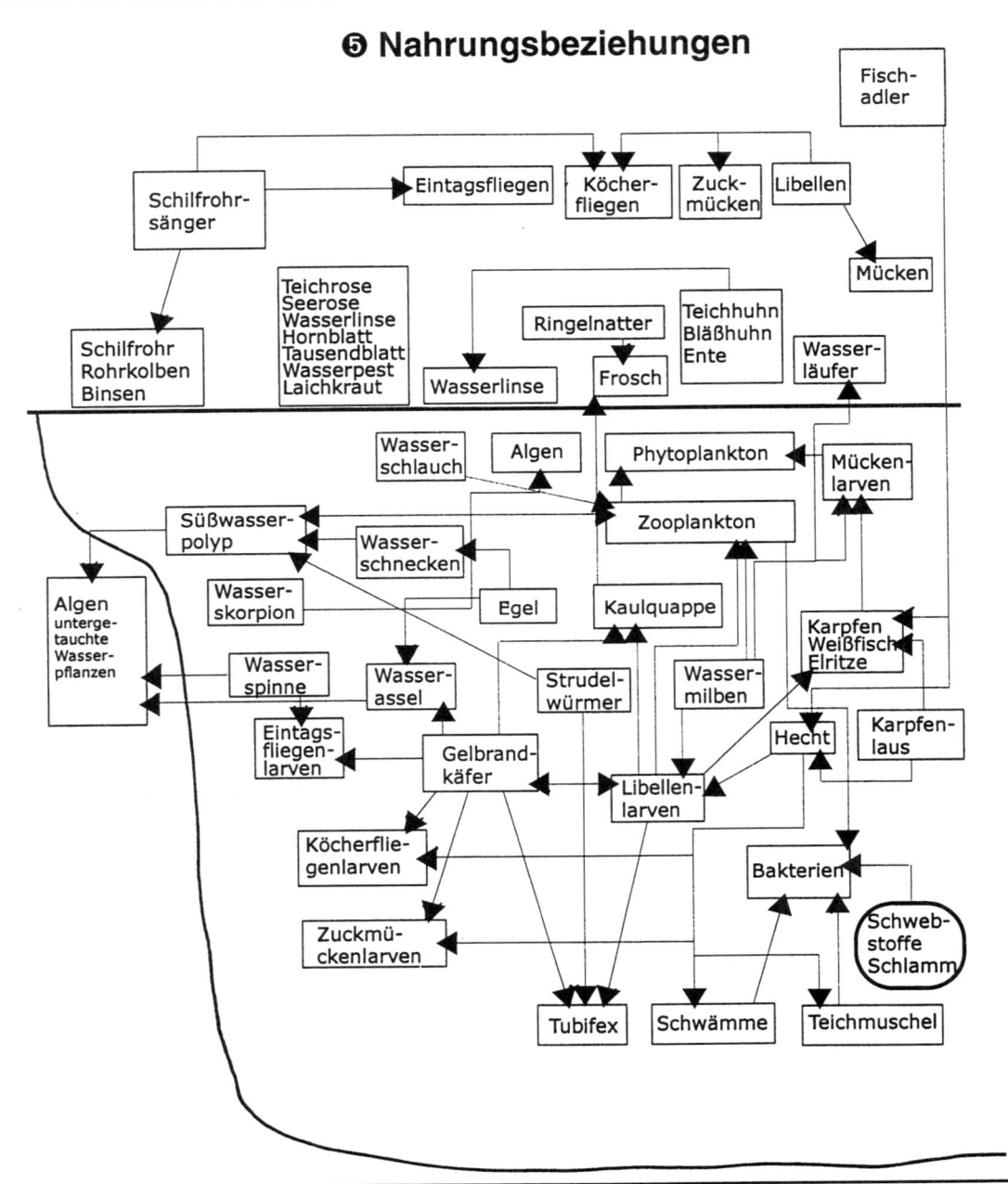

❺ Nahrungsbeziehungen

4. Arbeitstechniken

in der Botanik

Biologie

Biologische Arbeitstechniken

Laborarbeiten
Zerlegen von Pflanzen

Arbeit mit optischen Geräten
Mikroskop
Lupe
Mikrofotografie
Mikroskopisches Zeichnen
Fernglas

Exkursion
Geräte für botanische Exkursionen:
Taschenspaten, Pflanzenstecher, Spatel, Angelschnur, Angelhaken, Schlammheber, Büchsen, Sammelmappe

Sammeln
botanischer Objekte

Bestimmen
dazu Bestimmungsbücher

Haltung von Pflanzen
Geeignete Zimmerpflanzen (auch für das Klassenzimmer):
Geranie, Fleißiges Lieschen, Schiefblatt, Zierspargel, Grünlilie, Efeu, Ritterstern, Gummibaum, Zyperngras, Fuchsie, Azalee, Alpenveilchen, Schwertfarn, Kakteen

Anm. d. Verf.:
Eine sehr robuste Pflanze, die auch im Winter sichtbar weiter wächst, ist der Tabak. Samen sind z. B. unter www.tabakanbau.de erhältlich.

Konservieren und Präparieren
Herbarium

Nachbildung
Modelle (z. B. Blüten, Blütenstände ...)

Fotografie

Zeichnungen

Botanische Sammlung

© pb-Verlag Puchheim Biologie Botanik

| Betrachten-Beobachten-Untersuchen | Name: | Klasse: |

Projekt

Ich lege ein Herbar an

- *Sammle* Pflanzen aus einer Lebensgemeinschaft. Notiere sofort Fundort, Datum des Fundes und Besonderheiten der Umgebung (benachbarte Pflanzen, Bodenverhältnisse usw.). Informiere dich, welche Pflanzen geschützt sind. Die darfst du nicht beschädigen.
- *Grabe* die ganze Pflanze vorsichtig aus. Befreie die Wurzeln von der anhaftenden Erde. Lege die Pflanze **zum Trocknen** zwischen Zeitungspapier. *Knicke* die Pflanze in die Größe, wie du sie später aufkleben kannst.
- *Pressen* kannst du die Pflanze nach ihrer Bestimmung zwischen zwei Pappen oder durchlöcherten Sperrholzplatten, die mit Riemen oder Schnur zusammen gehalten werden. Dazu legst du die Pflanze auf weißes, saugfähiges Papier. Die Blätter müssen so liegen, wie sie in der Natur am Stängel sitzen. Hohlräume füllst du mit Papierstreifen auf. Decke über die bereitete Pflanze ein Blatt.
- Prüfe nach etwa 3 Wochen, ob die Pflanze schon trocken ist. *Befestige* die getrocknete Pflanze mit Klebestreifen auf einem starken, weißen Bogen. Beschrifte diesen mit dem Pflanzennamen, dem Fundort (evtl. auch Angaben zur Umgebung) und dem Datum des Fundes:
- Und wie kannst du die aufgeklebten Pflanzen **schützen**? Du kannst die Blätter in Sichthüllen stecken. Oder du laminierst sie. Zur Not kannst du die auch in Schnürmappen legen.
- Schau deine Sammlung gelegentlich nach Ungezieferbefall durch. Dein Lehrer hilft dir, die Tierchen zu vertreiben.

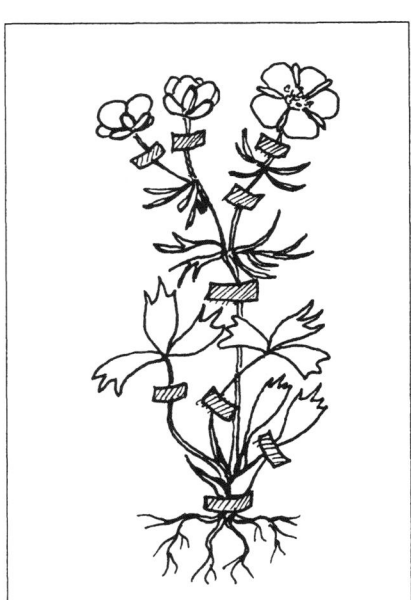

Material

Gesamtpflanze, evtl. aus einem Lebensraum, aus einer Familie....

Pressmaterial, z.B. Pappen, gelochte Sperrholzplatten, Gurte

Papier, Karton, Klebestreifen, Bestimmungsbuch, z.B. Sichthülle

kleine Schaufel

INFORMATION

zur Sache

Ein Verzeichnis der geschützten Pflanzen finden Sie u.a. unter *www.gartendatenbank.de/kategorien/roteliste*

zur Didaktik

Sammeln, Ordnen und Bestimmen gehören zu den botanischen Arbeitstechniken. Dabei wird nicht alles blindwütig zusammengesammelt.

Laminieren Sie die Blätter nur, wenn das Gerät für die Blattstärke geeignet ist.

(nach: *Grosse, E.: Biologie selbst erlebt*, s.Anhang)

Biologie

Wir ziehen eine Klassenzimmerpflanze:
Die Kartoffel

Du steckst vier Zahnstocher an entgegengesetzten Punkten in die Kartoffelknolle. Diese hängst du dann in ein Glas hinein, das zum Teil mit Wasser gefüllt ist. Die Zahnstocher liegen auf dem Rand des Glases auf und halten die Kartoffel so, dass sie gerade mit dem unteren Teil in das Wasser eintaucht. Stelle das Glas an einen Platz, der viel Licht bekommt. Bald werden aus der Knolle Wurzeln und Zweige hervorsprießen.

Mit dem Kern einer Avocadobirne kannst du genauso verfahren.

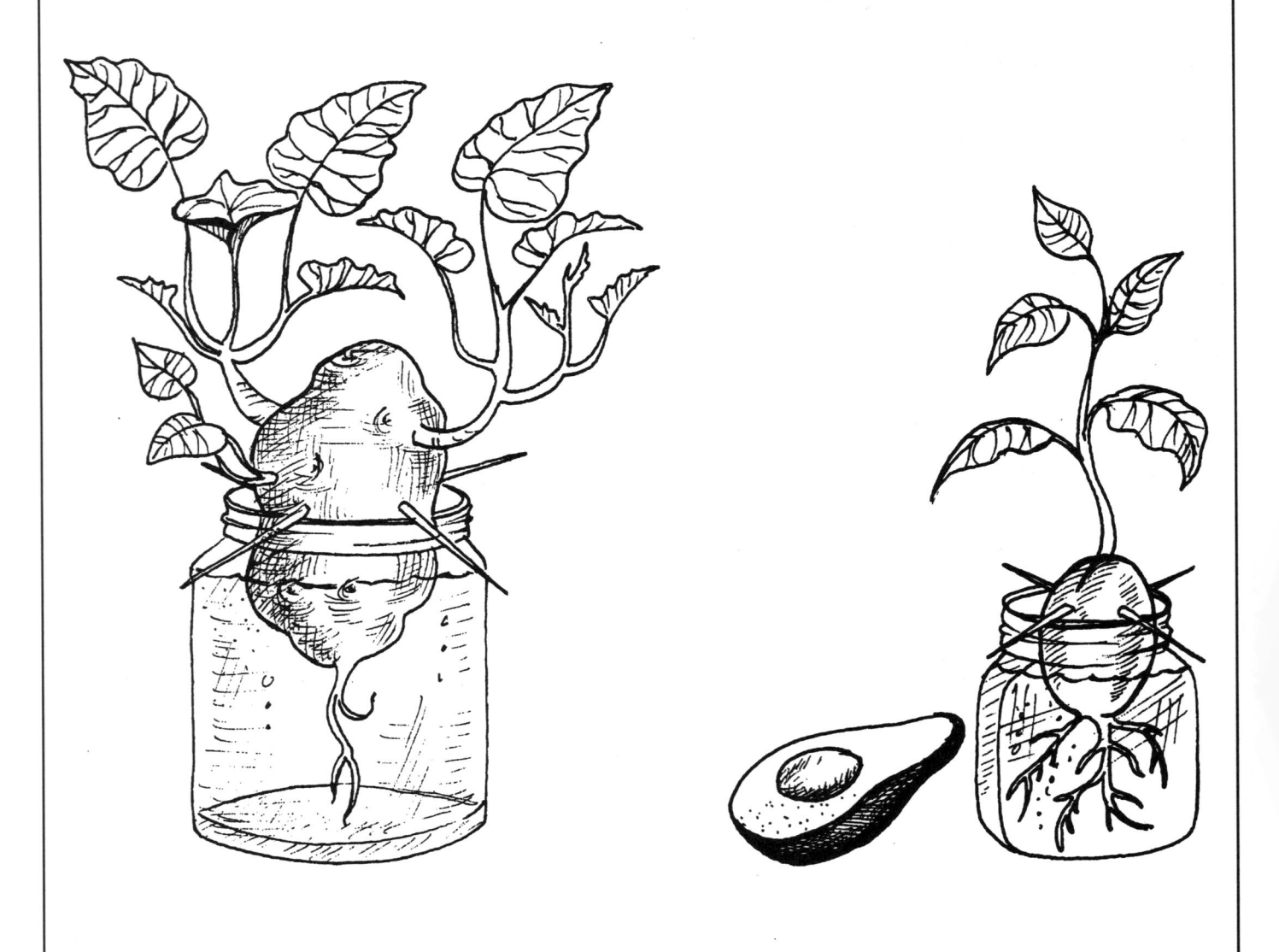

Biologie

Sammlungen anlegen

Blattrand
- Sammle Blätter und sortiere sie nach dem Blattrand.
- Schneide den rechten Rand eines Kartons in der entsprechenden Form aus.
- Klebe die sortierten und gepressten Blätter auf.

gezähnter Rand

Blattform
- Sammle Blätter und sortiere sie nach der Blattform.
- Presse die Blätter.
- Schneide aus einem Karton die Grundformen der Blätter aus.
- Klebe die gepressten Blätter auf den richtigen Karton.

herzförmige Blätter

Blüten
- Presse Blüten verschiedener Pflanzen.
- Gestalte von jeder gepressten Blumenart eine Karte.
- Sammle die Karten in einem Ordner.

Samen
- Lege auf einem Karton eine Liste an: Siehe unten !
- Schätze die Anzahl der Samen, öffne die Frucht und zähle.
- Klebe jeweils einen Samen auf die Liste.

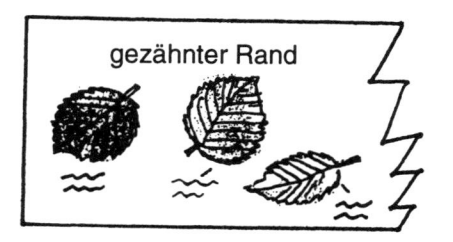

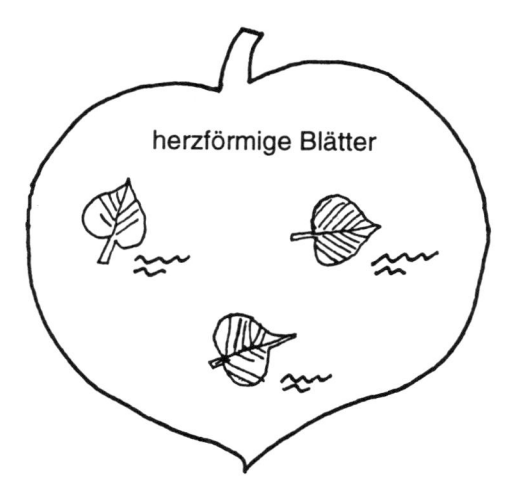

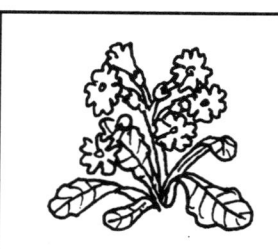

Die Schlüsselblume wächst auf feuchten Wiesen. Die Blüten sind hellgelb. Die Pflanze ist ca. 20 cm groß und hat mehrere Blüten in einer Dolde. Sie duftet gut.

Frucht	Anzahl der Samen		Same	Eigenschaften
	geschätzt	*gezählt*		

© pb-Verlag Puchheim Biologie Botanik

Biologie

Wir untersuchen Wildpflanzen

Pflanze	Wurzel Art, Länge....	Spross Länge, Aussehen....	Blätter Ansatz, Form....	Blüte Farbe, Form		

Biologie

Wir basteln ein Blütenmodell
Beispiel: Der Ritterstern

Wir benötigen:
- Schere
- Fotokarton
- Knetmasse
- Pfeifenputzerdraht
- Beiß- oder Kombizange

Und so gehts:

Aus einer walnussgroßen Menge Knetmasse wird ein dicker, breiter Fruchtknoten geformt. In ihn werden von innen nach außen gesteckt:
- der Griffel mit Narbe aus Pfeifenputzern
- die Staubblätter aus Pfeifenputzern
- die schmalen Kronblätter aus Fotokarton
- die breiten Kronblätter ebenfalls aus Fotokarton.

Fruchtknoten 1 x

Griffel mit Narbe l x

Staubblätter 6x

schmale Kronblätter 3x

breite Kronblätter 3x

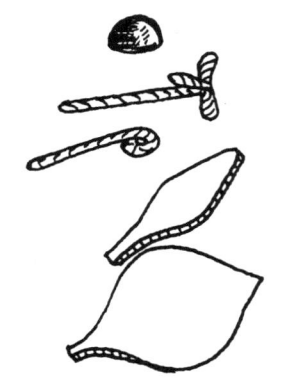

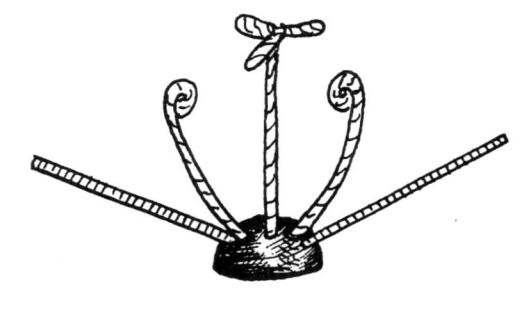

© pb-Verlag Puchheim Biologie Botanik

Biologie

Unterrichtsreihe Ritterstern

Eine Beispielseite:

Aufbau einer Zwiebel

Eine Rittersternzwiebel aufzuschneiden, um ihren Aufbau zu studieren, ist wirklich viel zu schade, denn die beiden Hälften sind anschließend zu nichts mehr zu gebrauchen. Eine Gemüsezwiebel ist sehr ähnlich aufgebaut. Schülerinnen und Schüler können die von zuhause mitgebrachten Zwiebeln zunächst als Ganzes betrachten und mit den Rittersternzwiebeln vergleichen. Erst danach werden die Gemüsezwiebeln längs aufgeschnitten, genau untersucht und die Längsschnitte gezeichnet. Nach der Untersuchung werden die beiden Hälften wieder eingepackt und können in der Küche weiter verwendet werden.

Die Gemüsezwiebel

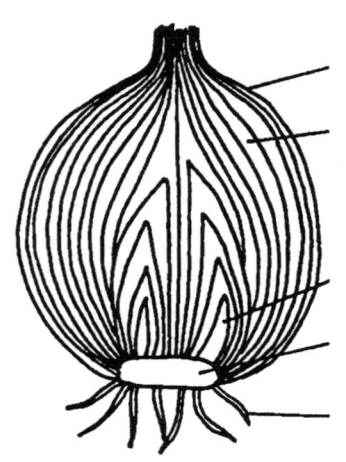

trockene äußere Schale:
- schützt vor Austrocknung

innere saftige Schalen:
- versorgen den Spross mit Wasser und Nährstoffen

Knospe:
- aus ihr entstehen die oberirdischen Teile der Pflanze

Zwiebelboden:
- hält die Zwiebelschalen zusammen, verbindet alle Teile der Pflanze

Wurzeln:
- versorgen die Pflanze mit Wasser und Mineralstoffen

Die Rittersternzwiebel

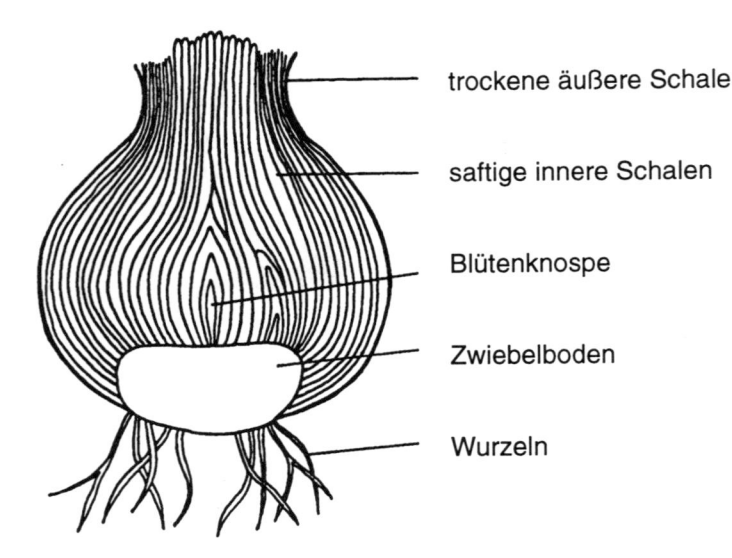

trockene äußere Schale

saftige innere Schalen

Blütenknospe

Zwiebelboden

Wurzeln

*www. uni-frankfurt.de/fb15/didaktik/
Ritterstern/Inhalt_r.htm*

Verwendete Literatur

- Hunziker, Dr. Rudolf: Der Bauernhof und seine Lebensgemeinschaften. Zürich 1959
- Haug, Karl: Wir erforschen das Leben. Stuttgart 1975
- Baer, Heinz-Werner: Biologische Arbeitstechniken. Köln 1975
- Vogel, Günter: dtv-Atlas zur Biologie. München 1967/1968
- Willi, Fritz: Bildmappe zur Naturkunde, Teil 1. Verlag Ludwig Auer, Donauwörth
- Natur entdecken, beobachten, erforschen. Kufstein 1996
- Geipel, Hermut: Lebendige Hecke.
- Lohmann, Michael: Wir tun was für Hecken. München 1986
- Kinderzeit - Band 6 Über Pflanzen. Frankfurt/M. 1975
- Garms, Harry: Pflanzen und Tiere Europas. dtv 3013
- Garms, Harry: Lebendige Welt. Braunschweig 1964
- Fischer, Raimund: Minibuch Biologie. Ansbach 1970
- Aichele, D.: Was blüht denn da? Stuttgart 1986
- Scharf, Karl-Heinz: Natur und Mensch 5. Hannover 1986
- Grosse, Erich: Biologie selbst erlebt. Köln 1973

Weitere Fundstellen

Internet: Stand: 01.01. 2004
Anwahl auf eigenes Risiko. Verlag und Verfasser übernehmen keine Verantwortung für die Inhalte folgender Linkseiten.

- Unterrichtsstunden
  www.pb-verlag.de
- Giftige Pflanzen:
  www.meb.uni-bonn.de/giftzentrale/pflanidx.html
- Kräuter:
  www.heilkraeuter.de/index.htm
- Botanik:
  www.rrz.uni-hamburg.de/biologie/b_online/doo/inhalt.htm
- Lichtmessung:
  uni-muenster.de/Physik/TD/Uvortec/Information/Energiespa/Arbeitsbl/Lichtmes.doc
- Spielen/Basteln (z.B. Windmessgerät basteln)
  www.coktel.de/cgi-bin/addysliste_archiv.pl
- Beispiel Ritterstern
  www.uni-frankfurt.de/fb15/didaktik/Ritterstern/Inhalt_r.htm
- Umwelt/Ökologie
  www.umweltlexikon-online.de
  www.planten.de
  www.der-gruene-faden.de
- Bezugsquellen für Pflanzen und Pflanzensamen (Beispiele)
  Tabak: www.tabakanbau.de
  Exoten: www.tropica.de
  Übersicht: www.directory.google.com/Top/World/Deutsch/ Online-Shops/ Haus_und_Garten/Pflanzen
- Fotos von Blumen, Bäumen, Sträuchern, Büschen, Kräutern ...
  www.pflanzen-bild.de
- Die Verfasserseite, Ergänzungen nach Anfrage/Bedarf:
  www.meh-pb.de

7.-10. Jahrgangsstufe ● Stand: 10. Januar 2004 ● Preise in Euro ● Stand: 10. Januar 2004 ● 7.-10. Jahrgangsstufe

Deutsch

Stundenbilder

362	7. Schuljahr	160 S.	20,90
363	8. Schuljahr,	160 S.	19,90
401	9. Schuljahr,	148 S.	19,90

Deutsch integrativ

942	7. Schuljahr	118 S	17,90
943	8. Schuljahr	150 S.	20,50
944	9. Schuljahr	160 S.	21,50

Rechtschreiben

487	Rechtschreiben 7.-10., 96 S.	16,90
543	Mein Rechtschreib-Regelheft Schülerheft, 48 S. DIN A 4	9,90
	Im Klassensatz nur	6,90

Nachschriften/Diktate UP
mit abwechslungsreichen Übungen zu den einzelnen Nachschriften, Arbeitsblättern zur Überprüfung des Lernerfolges und weiteren Arbeitsmaterialien. Die Texte greifen Themen aus den Sachfächern auf.

906	7./8. Schuljahr, 96 S.	16,90
907	9./10. Schuljahr, 96 S.	16,90

Sprachlehre

434	Sprachlehre 7.-10.	136 S.	19,90
483	Sprachlehre KP 7./8.	96 S.	16,90
486	Sprachlehre KP 9./10.	128 S.	18,90
988	Sprach-Spiel-Spaß 7.-9.	66 S.	13,90

Aufsatzerziehung

864	7./8. Schuljahr	21,50
	mit Stundenbildern, 160 S.	
865	9./10. Schuljahr	21,50
	mit Stundenbildern, 160 S.	
911	Kreatives Schreiben 7.-10.	16,90
	Techniken, Tipps, Schülerbeisp. 96 S.	
976	Aufsatz - mal anders 7.-10.	15,90
	80 S.	
482	Aufsatz 7./8.	15,90
	Kopierheft, 80 Seiten	

485	Aufsatz 9./10.	16,90
	Kopierheft, 96 Seiten	

Begleithefte zu aktueller Jugendliteratur

914	Jugendbücher 9./10. 106 S.	15,90

Gedichte

427	7.-9. Schuljahr	17,90
	122 Seiten, 17 Gedichte z.B. von Kästner, Rilke, BrittingTucholsky, Fontane, Bachmann, Eichendorff...	
510	10. Schuljahr	15,90
	92 Seiten, 16 Gedichte z.B. von Goethe, Hölderlin, Benn, Brecht, Celan, Hesse, Heym, Huchel, Kästner, George...	

Literatur/Lesen

570	Kurzgeschichte Band I	17,90
	Texte v. Borchert, Böll, Lenz, Gaiser, Dürrenmatt, Langgässer...	
	120 S., 15 StB, 20 AB, 13 FV	

€ = Alle Aufgaben in Euro und Cent

826	Kurzgeschichte Band II	17,90
	Texte v. Eich, Schnurre, Bender, Andres, Borchert, Böll..., 124 S.	
571	Erzählung, 104 S.	16,90
572	Fabel/Parabel/Anekdote	21,50
	160 S., 22 StB, 23 AB, 23 FV	
573	Märchen/Sage/Legende, 176 S.	21,90
574	Satire/Glosse.../Schwank	16,90
	96 S., 13 StB, 14AB, 14 FV	
577	Novelle	20,90
	152 S., 5 Novellen von G. Keller, J. Gotthelf, G. Hauptmann, A. v. Droste-Hülshoff, E.T.A. Hoffmann	
578	Roman	21,50
	172 S., Abenteuer-Roman, Jugend-Roman, Zukunfts-Roman, Kriminal-Roman, Entwicklungs-Roman, Gesellschafts-Roman	
579	Lyrik	19,90
	136 S., 18 Gedichte von Mörike, Hesse, Brecht, Fontane, Goethe, Schiller, Kaschnitz, Jandl...	
580	Texte aus den Massenmedien	19,90
	144 S., Kommentar, Nachrichten, Reportage, Bericht, Werbung - aus Zeitungen, Magazinen, TV, Rundfunk	
581	Triviale Texte	19,90
	Merkmale, Figuren, Handlungsschemata und Wirkung von Groschenheften, Western, Krimis, Arzt- und Heimatromanen, Comics im Vergleich mit literarischen Texten, 136 S.	
538	Gründlicher lesen-besser verstehen mehr behalten, 78 S.	14,90
999	Liebe-und jeder meint was anderes 25 Geschichten zum Lesen und Diskutieren 54 S.	11,90

Mathematik

Stundenbilder

340	7. Schuljahr, 160 S.	€	21,50
	Dezimalbrüche, Prozentrechnung, Terme/ Gleichungen, Größen, Proportionalität		
341	8. Schuljahr, 164 Seiten	€	21,50
	Taschenrechner, Prozentrechnung, Zinsrechnung, Gleichungslehre...		
342	9. Schuljahr, 158 Seiten	€	21,50
	Geschwindigkeitsaufgaben, Verhältnisrechnung, Gleichungen,...		

Geometrie

343	7. Schuljahr 134 S.	€	18,90
	Dreiecke, Vierecke, Gerade Prismen,		
344	8. Schuljahr, 144 Seiten	€	19,90
	Vielecke, Kreis, gerade Körper		
345	9. Schuljahr, 138 Seiten	€	19,90
	Konstruktionen, Pythagoras, gerade und spitze Körper, zusammengesetzte KörperÜbungen und Rechenspiele		

Lernzielkontrollen
Proben in Mathematik und Geometrie

328	7./8. Schuljahr, 86 S.	€	15,90
986	9. Schuljahr, 77 S.	€	14,90

Mathe-Kartei 7.-10. Schuljahr
Übungsaufgaben mit Lösungen zur Lernzielkontrolle, Wiederholung, Partner- u. Freiarbeit

854	Zuordnungen/Einführung	$	6,90
897	Zuordnungen/weiterf. Aufgaben	$	6,90
855	Größen/Rationale Zahlen	$	6,90
856	Prozentrechnen/weiterf. Aufgaben	$	6,90
899	Bruchrechnen	$	6,90
915	Regelmäßige Vierecke	$	6,90

$ = Sonderpreistitel

Konzentration/Denksport

Geistreiche und vergnügliche Denkspiele, nicht nur für den Mathematikunterricht

873	Gripsfit 7.-10. Schulj., 78 S.	15,50

Religion

Unterrichtspraxis Kath. Religion

918	Religion UP 7., 144 S.	19,90
623	Foliensatz zu Religion 7.	$ 9,90
919	Religion UP 8. 130 S.	18,90
618	Religion UP 9./10., 144 S.	19,90

Ethik

UP nach Themenkreisen

614	In sozialer Verantwortung leben und lernen 110 S.	17,90
615	Weltreligionen unter religiösen und sozialethischen Gesichtspunkten 120 S.	17,90
616	Nach ethischen Maßstäben entscheiden und handeln 88 S.	15,90
617	Ethische Grundfragen in der Literatur 102 S.	16,90

Erdkunde

Stundenbilder

Erdkunde – Karl-Hans Seyler – AFRIKA/ASIEN
Erdkunde – Karl-Hans Seyler – AMERIKA
LEHRSKIZZEN, TAFELBILDER, FOLIENVORLAGEN, ARBEITSBLÄTTER mit LÖSUNGEN

331	Asien und Afrika	21,
	160 S., 19 StB, 30 AB, 18 FV	
333	Amerika	21,
	Topographie,...160 S.	
330	Entwicklungsländer	19,
	138 S.	
332	Naturkatastrophen	19,
	144 S.	
870	Russland/GUS	15,
661	Folien zu Russland/GUS	21,
	9 Farbfolien, 36 Schwarzweißfolien	

Geschichte

Stundenbilder

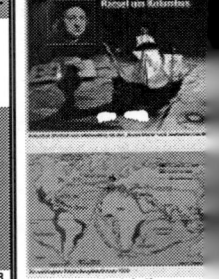

S. MARC/G. STUCKERT (Hrsg.)
Beginn der Neuzeit bis Ende 18. Jahrhundert

STUNDENSKIZZEN - ARBEITSBLÄTTER
TAFELBILDER - FOLIENVORLAGEN
9 Farbfolien

312	Neuzeit bis Ende 18. Jahrhundert	21,
	176 S.	
831	19. Jahrhundert u. Imperialismus	17,
	112 S.	
832	I. Weltkrieg u. Weimarer Republik	1
	128 S.	

= Neue Rechtschreibung